**공학기술**과 **정책**

# 공학기술과 정책

글로벌 시대 공학 리더를 위한 정책 이론 입문

이정동 지음

지호

# 머리말

최근 기술과 경영, 경제, 사회 등 타 분야 간의 관계에 대한 관심이 높아지고 있다. 이는 기술발전의 문제가 실험실, 연구실, 혹은 생산현장에 국한된 일이 아니라 기업과 국가경제의 경쟁력을 좌우하고 나아가 우리 삶의 모습을 규정하는 근본조건이라는 인식이 확산되고 있는 것을 의미한다.

기술과 타 분야의 교차영역이 넓어지고 있을 때 과학기술 전공자가 경영, 경제, 사회 등 타 분야에 대한 최소한의 기본 지식을 이해하고자 노력하는 것은 어찌 보면 당연히 해야 할 일 중의 하나이다. 특히 기술발전이 과학적, 공학적 논리에 의해서만 이루어지는 것이 아니라 타 분야와 긴밀히 영향을 주고받는 가운데 이루어지는 것이라는 점을 인식하는 것이 중요하다. 눈앞에 있는 '과학기술적 문제 해결'이라는 나무를 볼 수 있는 역량 못지않게 그 기술이 궁극적으로 활용되는 '사회'라는 숲을 볼 줄 아는 사람이 비로소 진정한 전문가로서 대우받을 수 있기 때문이다.

과학기술과의 관계에서 볼 때 '정책(policy)'이라는 분야는 경영이나 경제보다 더 멀리 있는, 어떤 의미에서는 가장 동떨어진 분야인 것처럼 느껴질 수 있다. 연구실이나 기업경영의 현장에서 밤낮없이 노력하고 있는 사람의 입장에서 국회나 정부에서 매일같이 쏟아내는 그 많은 '○○정책'들은 본인과 상관없는 거시적인 국가의 일로 보이기 십상이다. 정치인, 행정관료, 혹은 그 어떤 정책 전문가들이 자신들만의 논리로 정책이란 것을 만들어내고, 수정하고, 폐기하는 특정 영역의 일로 치부할 수도 있다. 그러나 사실 정책만큼 과학기술에 큰 영향을 미치는 분야도 없다. 현장의 기술 전공자가 수년간 밤잠을 자지 않고 개발한 신기술이 올바로 정비되지 않은 제도 때문에 사장되는 경우를 허다하게 찾아볼 수 있다. 반대로 정부의 정책적 지원에 힘입어 미미한 싹에 불과했던 기술이나 기업이 세계적인 경쟁력을 가지게 된 경우도 적지 않다. 가장 가깝게는 지금 이 시간에도 기술정책이라는 틀 안에서 우리의 막대한 세금이 국가예산으로 집행되고 있기도 하다.

국가가 존재하는 이상 정책은 국민들의 행동규칙을 정함으로써 특정 행위를 진작하거나 제어할 목적으로 항상 적용되기 마련이다. 과학기술과 관련된 모든 활동도 정책의 대상에서 예외가 될 수는 없다. 이러한 의미에서 기술정책은 과학기술과 관련된 행동규칙과 제도적 환경 조건을 결정하는 모든 수단의 집합으로 볼 수 있을 것이다. 그러므로 기술혁신의 현장에 있는 과학 기술인이 그 활동의 배경이 되는 기술정책의 논리를 이해해야 하는 것은 선택이 아니라 필수인 문제이다.

기술정책은 적용분야나 활용수단 등 여러 가지 면에서 그 범위가 매우 넓다. 좁게 보면 기술개발을 지원하기 위한 일련의 정책적 조치들로 한정될 수도 있고, 넓게 보면 기술이 인간에 미치는 모든 관계를 규정하고 조절하는 제도의 총체로도 볼 수 있다. 기술정책에서 최근 강조되고 있는 사고의 흐름은 기술혁신이 사회 속에서 성공적으로 꽃피기 위해서는 단지 공공자금을 투입하는 것으로 끝나는 것이 아니라 혁신에 영향을 미칠 수 있는 모든 제도적 환경을 동시에 변화시켜나가야 한다는 것이다. 이를 혁신시스템(innovation system)적 사고라 한다. 이러한 사고의 발전은 기술혁신이 일어나는 과정과, 혁신을 조절하기 위한 정책에 대해 보다 폭넓고 유연한 사고가 필요함을 일깨워 주고 있다.

한국은 지금 세계 10대 경제규모를 가진 국가이며, 일인당 국민소득 2만 달러를 넘어 3만 달러를 지향하는 국가로서 위상을 자랑하고 있다. 일부 분야에서는 세계를 선도하는 표준이 등장하고 있고, 세계 시장점유율이 1위에 오른 상품 또한 다수 있다. 불과 40년 만에 이와 같은 성과를 달성하기까지 우리 산업발전의 역사는 기적의 역사라 해도 과언이 아니다. 이러한 성공의 배경에는 기업가, 근로자, 연구자의 피나는 노력이 있었던 것은 말할 것도 없지만, 전략산업을 선정하고, 핵심기술의 개발을 유도하며, 기업 활동을 효과적으로 지원해온 기술정책의 역할도 엄연히 존재한다.

그러나 우리 경제를 둘러싼 환경은 글로벌화를 시작으로 급속히 변하고 있고, 기술발전의 속도는 날로 빨라지고 있으며, 산업 환경은 이전과 비교할 수 없을 만큼의 높은 불확실성 아래 놓여 있다. 과거 고도 성장기에 선진기술을 학습하고, 변형 · 적용하는 것으로도 충분했던 상황에서, 새로운 기술혁신의 방향을 스스로 설정하고, 이에 맞는 기술정책의 틀을 만들어나가지 않으면 안 될 시기로 전환되고 있다. 이러한 패러다임의 전환기에 어떠한 기술정책의 원칙과 방법론적 조합이 바람직한 것인가의 문제는 아직 열려 있는 질문이다. 어쩌면 유일한 답이 있기보다 정책적 시행착오를 감내하면서 탐색해나가야 한다는 것이 답일 수 있다. 과거의 성공적이었던 정책을 답습해서는 안 된다는 것만이 유일한 방침일 뿐이다.

기술정책은 정부가 왜, 언제, 어떤 정책적 수단으로 기술혁신의 과정과 결과에 개입할 것인가를 다루는 분야이지만, 이 모든 논의는 기술이 경제사회에서 어떻게 역할할 것인지에 대한 지식과 전망으로부터 출발하여야 한다. 그러므로 기술정책은 기술 그 자체를 깊이 이해하고 있는 과학기술전문가에게 많은 시사점이 있는 분야이다. 우선 과학기술전문가가 기술정책에 대한 소양을 함께 갖춘다면, 기술정책 전문가로서 실제 기술정책의 수립, 시행, 평가 과정에 직접 참여할 수 있다. 뿐만 아니라 기술정책을 만드는 사람이 아니라 기술정책의 수요자로서, 즉 정책의 혜택을 받거나 규제를 받는 당사자로서도 응당한 목소리를 내는 계기를 얻을 수도 있다. 이러한 여러 경로를 통해 단지 주어지는 정책을 수동적으로 수용만 하는 것이 아니라, 국가 전체의 기술혁신 토양을 적극적으로 바꾸어나가는 지향성을 지닌 과학기술전문가가 될 수 있을 것이다.

정책일반의 문제에 대해 관심과 전문적 지식을 가진 사람에게도 기술정책은 많은 시사점이 있다. 특히 기술혁신이 사회 곳곳에 직접적이고 가속적으로 영향을 미치면서 많은 전통적인 정책들이 기술의 문제를 논외로 하기 어렵게 되었다. 산업경제 혹은 기업 활동과 관련된 모든 정책은 말할 것도 없고, 심지어 복지정책, 무역정책, 환경정책, 국방정책 등 거의 모든 정책에서 기술발전의 문제를 중요한 고려사항으로 반영하지 않을 수 없게 된 것이다. 따라서 정책의 대상으로서 '기술' 혹은 '기술혁신'이 가진 특수한 성질을 이해하는 것은 단지 기술정책에 국한된 숙제가 아니라 모든 정책을 다루는 데 기초적인 사항이 되었다고 할 수 있다.

본서에서는 다음의 3가지 점을 중점적으로 해설하고자 하였으므로, 책을 읽어나가면서 이를 중심으로 한 번씩 이해를 점검해보는 것도 좋은 방법이라 생각한다.

첫째, 기술혁신에 정책적 개입이 필요한 이유가 무엇인가?
둘째, 정책적 개입의 방법이 무엇인가?
셋째, 기술정책이 다른 정책과 어떻게 조화될 것인가?

본서를 통하여 여러 가지 기초적인 개념에 대해 골고루 논의하면서도 최소한 한 가지 점은 여러 곳에서 중복하여 거듭 강조하고자 한다. 그것은 기술혁신이란 연구자 혹은 하나의 기업이 혼자서 수행하는 것이 아니라 사회 속의 여러 주체들이 상호 영향을 주고받는 가운데 일어나는 것이며, 그 사회의 모든 명시적, 묵시적 제도들이 이러한 상호

관계의 형태와 성과를 결정짓는다는 점이다. 따라서 기술정책을 편다는 것은 단지 기술개발에 필요한 공적자금을 지원한다는 의미가 아니라 사회, 경제 전체의 모든 명시적, 묵시적 제도들을 함께 움직여나간다는 것을 의미한다. 이것은 기술정책을 국가연구개발지원과 관련된 정책으로서 좁게 해석할 것이 아니라, 기술혁신주도의 국가발전정책을 뒷받침하는 포괄적 틀로서 인식해야 한다는 의미이다.

이 책은 일종의 해설서이므로, 논리적 완결이나 엄격함보다 이해의 편의를 도모하고자 노력하였다. 특정한 주장을 담은 연구서가 아님을 감안하여 가능한 한 기초적인 개념을 중심으로 해설하고, 현실감을 높이기 위해 많은 논문과 신문잡지의 사례를 제시하고자 노력하였다. 좀 더 깊이 세부적인 사항을 알고 싶은 경우에는 스스로 해당 키워드를 중심으로 논문이나 연구보고서 등을 찾아 보완하는 노력을 하는 것이 바람직하다. 그러나 무엇보다 기술정책의 논리를 현장감 있게 이해하고자 한다면, 신문, 특히 경제신문을 꼼꼼히 들여다보라고 제안한다. 매일 아침마다 기술혁신과 관련하여 어떤 정책이, 어떤 배경에서, 무엇을 목적으로, 어떤 수단으로 펼쳐지고 있는지를 흥미롭게 파악할 수 있다. 이런 정책들을 보면서 스스로 비판적으로 바라보고, 대안을 생각해보는 습관을 갖는 것이 살아있는 기술정책의 지식을 흡수하는 가장 좋은 길이 될 것임은 자명하다.

| 차례 |

# 1 서론

## 1-1 기술정책의 정의

기술정책은 혁신을 촉진하거나 제어하는, 일체의 공적 개입을 의미한다.[1] 위의 개념에서 중요하게 기억해야 할 점은 첫째, 기술정책이 기술혁신을 촉진하는 정책만을 일컫는 것이 아니라 사회적 가치에 대한 합의에 기초하여 혁신결과가 바람직하지 못할 것으로 예상될 경우 제어하는 역할을 할 수도 있다는 점이다. 예를 들어 미래 원천기술을 개발하기 위해 세금을 투입하기도 하지만, 인간의 존엄성을 이유로 특정 기술개발의 방향이나 수단을 억제하기도 한다. 둘째, 기술정책

[1] 본서에서 기술정책은 세부적인 정책 하나하나를 말하는 것이 아니라 기술과 관련된 직간접적인 공적 개입 전체를 칭하는 용어로 사용한다. 또한 가장 넓은 의미의 혁신정책과 같은 의미로 사용한다.

은 공적 개입으로서 대체로 유형적 제도의 형태로 구체화된다. 이는 기업가가 회사 내 연구원들에게 자신의 생각에 따라 방향을 일방적으로 지시할 수 있는 것과 달리 모든 시민의 공적 합의 절차를 거친 제도로서 구현된다는 것을 의미한다. 대의민주주의 사회에서는 이러한 공적 합의가 국민을 대리하는 행정부나 국회에 의해 표현되거나 상호 견제 아래 형성된다. 공적 합의의 정당성을 담보하기 위해 공청회가 열리기도 하고, 궁극적으로는 선거를 통해 정책의 타당성을 사전적으로 혹은 사후적으로 심판하기도 한다.

### 1-2 기술정책이 왜 필요한가?

흔히 기술은 과학적, 공학적 논리에 의하여 자체적으로 발전한다고 생각하기 쉽다. 그러나 새로운 기술적 아이디어가 생기고, 활용되는 모든 과정은 복잡한 사회적 관계망 속에서 일어난다. 이는 기술적 아이디어 중에 어떤 것이 선택되고, 어떤 것이 현실로 구현되며, 얼마나 널리 확산되는가의 모든 과정이 그 기술을 둘러싼 사회의 특성으로서 역사적 유산이나 비전 등과 긴밀히 영향을 주고받는 가운데 이루어진다는 것을 의미한다. 따라서 기술은 진공 속에서 홀로 존재하고, 독자적인 논리에 따라 변화하는 것이 아니라 사회적 맥락(social context)과 함께 한다고 보는 것이 올바른 인식이다.[2]

[2] Kuhn(1970)은 과학적 발견의 과정이 순수한 과학적 논리에 따라 이루어지는 것이 아니라 과학자 집단이 속한 특정한 패러다임의 영향을 받는다는 점을 밝힌 바 있다. 특정한 패러다임은 과학자에게 풀어야 할 문제를 제시하고, 이를 위한 개

사회적 맥락은 역사적 과정을 통하여 주어지기도 하고, 의사결정자가 미래의 비전을 제시함으로써 인위적으로 형성되기도 한다. 이러한 맥락은 무형적인 관습의 형태로 나타나기도 하지만 대부분의 경우 법이나 제도의 형태로 구현된다. 그러므로 기술은 그것을 둘러싼 사회적 제도와 영향을 주고받으면서 발전할 수밖에 없다.

한편, 기술과 제도는 한쪽으로부터 다른 쪽으로의 일방적인 관계를 갖는 것이 아니라 상호 영향을 주고받는 관계에 있다. 예를 들어, 정보기술이 발전함과 동시에 개인정보를 제도적으로 보호할 필요성이 높아지고 있고, 실제로 이와 관련한 제도가 각국에서 속속 등장하고 있는 것은 기술발전이 제도변화를 촉구하는 경우에 속한다. 한편, 환경규제가 점차 강화되면서 친환경기술의 개발이 가속화되고 있는 사례는 제도가 기술발전의 방향과 속도를 규율하는 경우라 할 수 있다.

기술발전에 영향을 미치는 제도에는 여러 가지가 있다. 직접적으로 특정기술이나 산업의 진흥에 영향을 주는 것도 있고, 간접적으로 기술발전에 효과를 미치는 것들도 있다. 반대로 특정 기술발전을 억제하거나 방향선회를 요구하는 것들도 있다. 이 가운데 기술발전에 긍정적, 부정적 영향을 미치는 '명시적'인 제도들을 조절하는 것이 기술

---

념적, 실증적 도구를 제공하기까지 한다. 순수과학보다 응용적 성격이 강한 공학기술의 경우에도 문제를 식별하고, 풀어나가는 사회적 틀(프레임)이 패러다임처럼 영향을 미치게 된다. Nelson and Winter(1982)의 루틴(routine) 개념 또한 기술적 문제를 해결하고, 기업 활동으로 연결해나가는 과정이 특정한 행동준칙에 따라 이루어지는 것임을 잘 보여주고 있다. 패러다임이나 루틴에 관한 논의들은 기술발전이 순수한 과학적 논리에 따라 이루어지는 것이 아니라 일종의 사회적 현상임을 역설하고 있다.

**| 환경규제와 하이브리드차 기술발전 |**

"(전략) 아반떼급 하이브리드차는 기존 현대차 울산공장 아반떼 생산라인에 추가로 하이브리드 생산라인을 깔아 생산한다. 일반 아반떼 차량과 차별성을 갖도록 하이브리드차 내외장에 큰 변화를 줄 방침이다. 연생산 · 판매 목표는 2만 대로 일반차량 대비 하이브리드차 가격은 300만 원 정도 높게 책정될 것으로 보인다. 하이브리드차 정착을 위해 가장 중요한 점은 바로 정부 보조금이다. 생산 초기에는 일단 규모의 경제를 이룰 수 없는 데다 생산비용이 절대적으로 높기 때문이다. 업계에 따르면 정부가 모든 하이브리드차에 보조금을 제공하는 대신 LPG, 에탄올 등 청정 연료를 사용하는 하이브리드 차량에 대해서만 보조금을 지급하는 방향으로 보조금 정책을 세우고 있다.

현대차의 하이브리드차 조기 양산은 불가피한 선택이다. 하이브리드 기술 축적과 생산체제를 미리 갖춰 놓지 않으면 친환경차가 득세하는 미래에 생존할 수 없기 때문이다. 정 회장이 하이브리드차 개발에 집중하는 것도 이 때문이다. 이 팀장은 "석유는 유한한 자원이기 때문에 앞으로 15~20년 후에는 전기에너지로 갈 수밖에 없다"며 "완전 전기차나 수소연료전지차도 하이브리드차 기술이 없으면 존립할 수 없다"고 강조했다. 게다가 갈수록 엄격해지는 환경규제 때문에 하이브리드차 양산은 생존문제다. 캘리포니아를 필두로 미국 13개 주에서 채택하고 있는 ZEV(Zero-Emission Vehicle · 매연 제로 차량) 법규를 만족하지 못하면 앞으로 수출하는 차 한 대당 5,000달러의 벌금을 물어야 한다. 현대차도 2017년부터 적용을 받는다."

출처: 매일경제 (2008. 4. 8)

정책이라 할 수 있다.

그렇다면 이러한 제도들은 누가, 왜 만들고 고치는 것일까? 일견 겉보기에 중앙정부나 지방정부, 각급 의회가 기술정책을 만들어내는 것처럼 보일지 모르지만, 그 배경에는 그 사회 구성원들의 포괄적인 지향과 합의가 전제되어 있다. 따라서 기술정책은 우리사회 모든 구성원들이 어떤 경로를 거쳐서든 합의하여 만드는 것이고, 고쳐나가는 것이라 할 수 있다. 우리 사회에서 기술이 어떤 역할을 하고 있고, 어떤 방식으로 기여해야 하는지에 대한 제도적 합의가 기술정책이라 할 때 기술정책을 잘 이해하고, 필요할 경우에 제도 형성과 변화에 영향을 미치는 것은 우리의 삶에 중요한 문제이다.

이와 같은 인식에 기초하면 기술정책이 있는가, 없는가라는 질문이 무의미하다는 것을 알 수 있다. 한 사회가 있고, 그 사회를 규율하기 위한 제도가 어떤 식으로든 존재한다면, 기술정책은 이미 어떤 식으로든 존재하는 것이다. 다만 각 사회의 특징과 지향이 다르기 때문에 기술정책의 구조는 사회마다, 그리고 같은 사회라 할지라도 시대에 따라서 다를 수밖에 없다. 그러므로 특정 시대, 특정 사회에서 유용한 효과를 가져왔던 기술정책이 다른 시대, 다른 사회에서는 다른 효과를 가져올 수밖에 없다는 점도 쉽게 이해할 수 있다.

### 1-3 기술정책의 핵심질문

기술정책에서 가장 중요한 질문은 첫째, 국가가 제도적으로 기술발전과정에 개입할 필요가 있는가(당위성)에 관한 것과, 둘째, 개입을 해야 한다고 하면, 가장 합리적인 개입의 방식이 무엇인가(방법론)에 관한 것으로 나뉠 수 있다.

예를 들어 흔히 국가적 '전략산업을 육성'하기 위해, 이 분야 선두기업들에게 '기술개발자금을 직접 지원'하는 경우를 생각해 보자. 전략산업이 국가적으로 잘 커나가는 것은 누구나 기대하는 바람직한 일이지만, 그러한 결과를 얻기 위해 정부가 개입해야 하는가 말아야 하는가에 대해서는 다른 많은 견해가 있을 수 있다. 일부의 사람들은 정부가 전략산업을 지정하는 등의 방식으로 국가가 개입하면 할수록 오히려 정책의존성만 키워서 결국 경쟁력이 취약한 만성 적자산업을 키우게 될 것이라고 주장한다. 반대의 의견을 가진 입장에서는 많은 성공사례를 들어 어떤 방법으로든 국가가 지원해야 한다고 주장하기도 한다.

개입수단과 방법의 관점에서도 기업에게 기술개발자금을 직접 지원하는 것이 타당한지, 혹은 대학이나 공공연구소 등 기업을 둘러싼 여러 혁신주체들에게 자금을 공급하고, 기업이 간접적으로 그 혜택을 볼 수 있도록 하는 것이 바람직한 것인지 등 여러 다른 견해가 있을 수 있다.

정책적 개입의 당위성과 방법론의 문제는 기술정책이라는 고민이 시작된 이래 끊임없이 제기되고 있는 질문이다.

이러한 문제와 관련하여 대표적으로는 두 가지 다른 사고의 흐름이 전개되어왔다. 첫 번째는 신고전학파적 경제학 이론을 기본 틀로 삼아 기술정책적 개입의 문제를 논한 사고의 흐름이 있다. 미시경제학적 이론을 이용하여 혁신과정을 묘사할 수 있고, 이에 근거하여 개입이 필요한 분야를 식별할 수 있으며, 최적 개입의 정도도 계산할 수 있다는 것이 신고전학파적 기술정책의 믿음이라 할 수 있다. 두 번째로 혁신시스템적 사고방식에 의거하여 기술 정책적 개입의 문제를 논하기도 한다. 이에 따르면 기술혁신의 과정을 정확히 예측하는 것이 불가능하고, 그 과정과 결부된 다양한 요소들이 시스템적으로 얽혀 있기 때문에 특정 개입이 특정한 기대효과를 낳을 것으로 보는 것은 무리가 있다고 주장한다. 따라서 시스템 전체가 효과적으로 작동할 수 있도록 환경을 조성하는 것이 최선의 정책이라고 주장한다.

이러한 두 가지 사고의 흐름은 어떤 분야에서 정책적 개입이 필요한지, 어떠한 방식으로 개입해야 하는지에 관해서 크게 다른 입장을 보여주고 있다. 대표적인 이 두 가지를 포함하여 여러 가지 다른 사고방식의 역사적 전개과정을 이해하고, 그들 간의 차이와 공통점을 명확히 인식하는 것은 기술정책과 관련된 사회적 사건을 보다 체계적으로 이해할 수 있는 지름길이 된다. 나아가 기술정책의 담론수준도 한 단계 높일 수 있는 길이기도 하다.

### 1-4 기술정책의 범위

기술정책은 흔히 국가의 연구개발자금 집행정책, 즉 공공기술관리(public technology management) 정책으로 이해되는 경우가 많다. 공공기술관리는 공공적 목적에 기반하여 기술을 창출하고, 이전 · 활용하는 모든 단계에 걸쳐 공적인 혜택이 극대화 될 수 있도록 관리해나가는 과정을 의미한다. 공공기술관리를 위해서는 민간기업에서 기술을 관리하는 것과 유사하게, 예측, 자원배분, 성과평가, 확산유도의 전 과정이 요구되며, 더하여 해당 기술과 관련된 여러 당사자의 이해가 조화될 수 있도록 조정하는 매커니즘이 추가적으로 요구된다. 한국만 하더라도 2009년 기준, 연간 12조 3천억 원이 넘는 세금을 기술개발을 위하여 투입하고 있기 때문에 단순히 귀중한 국민의 혈세를 합리적으로 써야 한다는 측면만을 고려하더라도 공공기술관리는 중요한 분야라 할 수 있다.

그러나 기술혁신에 영향을 미치는 제도의 총체로서 기술정책을 파악할 때 공공기술관리는 기술정책 가운데 극히 일부분에 불과하다. 단적으로 기술혁신과 관련된 제도가 목적상 기술을 진흥하기 위한 것과 규제하기 위한 것으로 나뉜다고 할 때, 진흥을 위한 제도에는 순수과학과 관련된 것이 있고, 산업발전과 맞물린 것이 있을 수 있다. 반면, 규제에는 사회적 가치를 보호하기 위한 것과 삶의 질을 도모하기 위한 것들이 있을 수 있다. 이와 같이 생각해보면, 과학정책, 산업정책, 사회정책들이 모두 기술정책의 범주에 속한다. 여기에 더하여 간접적으로 기술정책에 영향을 미치는 것을 모두 고려한다면 경쟁정책, 산업구조정책, 무역정책 등 일반 경제정책도 넓은 의미의 기술정책에 속한다고 할 수 있다.

위의 언급은 모든 국가정책이 기술정책이라거나 기술정책이 되어야 한다고 주장하는 것이 아니라 기술이 사회에서 기여하는 데 각 정책이 어떤 식으로든 영향을 미친다는 것을 적시하고자 하는 것이다. 기억하여야 할 점은 기술정책을 정부연구개발자금의 집행과 관련된 공공기술관리정책이라는 협소한 사고를 버리고, 정도는 다르지만 모든 정책들이 기술혁신에 영향을 미치고 있고, 따라서 기술정책의 문제를 고민할 때 보다 넓은 정책적 시야를 갖고, 여러 정책수단을 널리 구하거나 조합하는 식견을 갖출 필요가 있다는 것이다.

## 1-5 기술정책과 다른 학문분야의 관계

기술정책은 기술혁신의 과정에 대한 이해에서 출발하기 때문에 혁신이론(theory of innovation)이 가장 중요한 이론적 기반이 된다. 혁신이론은 기술혁신의 발생 · 확산 · 쇠퇴의 과정을 개념화 · 일반화하는 데 목적이 있다. 혁신시스템이론(theory of innovation system)은 여러 혁신이론을 아우르면서 혁신이 배태되는 환경과의 관계를 종합적으로 고찰하는 것으로 혁신이론의 최신조류를 대표한다고 할 수 있다. 일반적인 혁신이론과 특히 최근 발전한 혁신시스템이론은 기술정책의 근본적인 사고틀을 형성하는 데 기여했다.

혁신이론을 기업의 경영전략에 접목할 때 기업기술경영(corporate technology management) 분야가 된다. 이 기술경영도 기업 내 연구개발관리(corporate R&D management)에 관한 것으로 지나치게 좁게 해석되는 경향이 있다. 물론 기업 내 기술개발 활동을 잘 하기 위해서 연구개발관리가 필요한 것은 사실이지만 기술경영이란 이보다 더 넓게 기업의 비전설정과 전략수립과 관련된 것으로 보아야 한다. 기술주도 시대에 기업이 기술변화를 어떠한 방식으로 수용하거나, 주도할 수 있는지는 기업의 생사를 좌우할 수 있는 문제이므로 기술경영을 기업경영전략의 핵심으로 인식하는 넓은 시야가 필요하다. 기술정책의 입장에서 보면 기업이 대체로 기술의 최종적인 활용자가 되는 경우가 많기 때문에 올바른 기술정책의 수립을 위해서 정책대상인 기업의 전략적 키워드를 이해하는 것이 중요하다.

경제이론(economic theory)은 기술혁신이 수행되는 과정을 경제적 활동의 과정으로서 묘사할 수 있는 탁월한 개념적 도구이다. 즉 혁신가가 더 많은 부를 얻기 위해 자신이 가진 자원과 시간을 투입하여 혁신을 수행하며, 그 결과는 금전으로 환산되어 혁신가에게 되돌아가는데, 이러한 과정은 미시경제학(microeconomics)적 도구를 이용하면 간명하게 설명될 수 있다. 이러한 미시적 이해에 기반할 때, 어떤 상황에서 혁신이 많이 혹은 적게 일어나는지를 알 수 있고, 나아가 각 주체들의 보상(incentive)수준을 적절히 조절함으로써 혁신행동의 수준과 방향을 조정할 수도 있다. 한편, 거시경제학은 기술혁신이 궁극적으로 경제성장, 고용 등을 포함하여 거시적 경제발전에 어떠한 영향을 미치는지를 이해하는 데 도움을 준다. 특히 수리적 경제모형을 통해 미시적 · 거시적 분석을 하게 되면, 각종 정책의 결과를 사전에 실험해볼 수도 있기 때문에, 소위 최적수준의 정책개입이라는 문제에 대해서도 나름대로의 해답을 얻을 수도 있다. 따라서 경제이론, 그 가운데서도 미시경제이론(microeconomics)과 경제성장이론(theory of economic growth)은 혁신의 경제적 이해에 오랫동안 기여해온 학문분야라 할 수 있다.

산업정책(industrial policy)은 기술혁신을 진작하고자 하는 관점에서 보면, 기술정책과 가장 유사한 분야라 할 수 있다. 지난 200년 이상 자본주의의 역동적 역사에서 국가 간 경쟁과 추격은 명시적이든 묵시적이든 모두 산업정책에 힘입은 바 크다. 산업정책은 산업구조의 고도화를 위하여 정부가 금전적, 비금전적 수단을 통해 민간의 산업 활동에 개입하는 모든 정책적 행위를 일컫는다. 그러나 1970년대 이후 기업, 산업 및 국가 경쟁력이 기술적 우위에 의해 좌우되면서 산업정책의 본질적 내용이 산업의 기술경쟁력 확보로 모아지게 되었고, 따라서 현대적 의미의 산업정책은 곧 기술정책이라 해도 과언이 아니다. 이러한 관점에서 과거 산업정책과 관련된 많은 이론적 논의와 최근 산업정책의 기술정책화에 대한 논의는 기술정책의 사고를 형성하는 데 중요한 시사점을 줄 수 있다.

## 1-6 본서의 범위

기술혁신은 경제발전, 고용, 투자, 소득분배, 산업구조, 환경, 의료 등 사회의 거의 모든 부문에 영향을 미친다. 그러나 본서에서는 기술혁신이 '경제발전'에 영향을 미치는 부분에 집중하여 주로 논의를 전개한다. 따라서 기술혁신을 개인과 기업이 이윤을 추구하기 위해 전개하는 경제적 행위의 일종으로 파악하며, 나아가 국가의 경제발전을 일으키는 원동력으로 간주한다. 경제발전과 관련된 논의에 한정하므로 주로 경제학적 관점, 특히 미시경제학, 경제성장이론, 제도경제학의 개념과 방법론을 활용하여 설명한다. 이러한 관점에서 볼 때 기술혁신이 경제발전뿐 아니라 삶의 질과 관련한 다양한 부분에 영향을 미칠 수 있다는 점은 일단 논외로 한다.

기술정책이 국가적 관점에서 기술의 진흥과 규제에 관련된 일체의 제도적 개입을 포괄하고 있으나, 본서에서는 이 가운데에서 주로 기술의 진흥과 관련되어 국가가 정책적으로 왜, 그리고 어떻게 개입해야 하는지에 초점을 둔다. 다만, 부분적으로 제도가 기술혁신에 영향을 미칠 수 있다는 점을 강조하기 위해 기술발전이 제도에 의해 지연되거나 인위적으로 억제되는 사례를 제시한다. 기술위험관리나 경쟁정책과 같이 규제적 성격의 정책이나 기타 세부적인 정책에 대해서는 독자들이 관련 키워드를 중심으로 스스로 학습할 수 있을 것으로 기대하고, 추후 별도의 논의 기회를 갖기로 한다.

기술정책은 다양한 방법으로 구현되는데, 세부적인 정책의 종류를 간단히 살펴보더라도 투입 관련 정책으로 인력정책, 기술개발자금공급정책 등이 있고, 목적별로 기술창출과 관련된 정책, 이전확산과 관련된 정책 등이 있을 수 있다. 공공출연연구소나 중소기업관련 정책처럼 구체적인 혁신주체를 대상으로 한 것도 있을 수 있고, 협동연구개발지원이나 해외직접투자 유인정책처럼 연계의 방식에 초점을 맞춘 정책이 있을 수 있다. 기술정보의 공급과 같은 하부구조정책도 빼놓을 수 없다. 본서에서는 기술정책을 어떻게 분류할 것인지와 관련하여 여러 기준에 대해 살펴보고, 대표적인 사례로서 기초과학 지원정책과 산업기술개발 지원정책에 대해 현황을 간략하게 살펴본다.

## 1-7 본서의 구조

본서는 기술혁신이 경제발전에 어떠한 영향을 미치는지에 대한 거시적 논의로부터 기술정책의 최신 이슈까지 순차적으로 논의를 진행한다. 각 장별 구조를 간략히 요약하면 다음의 표와 같다.

[표 1-1] 본서의 구조

| 목차(장) | 핵심질문 |
|---|---|
| 2. 기술혁신과 경제발전 | · 기술혁신이 경제발전에 기여하는 정도는?<br>· 기술혁신에 정부가 개입하는 이유는? |
| 3. 기술혁신의 특성 | · 기술혁신과 관련하여 시장실패가 발생하는 원인은?<br>· 다양한 기술혁신모형의 특성과 시사점은? |
| 4. 기술혁신시스템 | · 혁신시스템의 주요 구성요소는?<br>· 다양한 혁신시스템들의 차이는? |
| 5. 기술정책의 근거 | · 시장실패와 시스템실패의 차이는?<br>· 두 접근법의 정책 개입방식의 차이는? |
| 6. 과학정책, 산업(기술)정책, 혁신정책의 관계 | · 과학정책, 산업기술정책, 혁신정책의 차이는?<br>· 각 정책의 구체적인 사례는? |
| 7. 주요국의 기술정책 | · 주요 선진국 간 기술정책 차이와 원인은?<br>· 우리나라 기술정책의 발전과정은? |
| 8. 기술정책의 수단 | · 기술정책의 제 수단을 구분하는 기준은?<br>· 기초과학지원과 산업기술개발지원의 현황과 과제는? |
| 9. 기술정책의 최신 이슈 | · 기술정책의 최신 이슈가 갖는 정책 시사점은?<br>· 제시된 이슈 외 또 다른 최신 이슈는? |

이어지는 2장에서는 기술혁신과 경제발전의 관계에 대해 살펴본다. 경제발전이 시대를 막론하고 모든 국가가 추구하는 공통된 목표임을 전제할 때 기술혁신이 경제발전에 어느 정도 중요한가를 살펴보는 것은 이어질 모든 논의의 출발점이 된다고 할 수 있다. 기존의 많은 연구를 살펴보면 기술혁신이 결과적으로 경제발전을 이룩하고, 당대의 선진국을 따라잡는 데 가장 중요한 수단이었음은 의심의 여지가 없다. 그러나 이러한 기술혁신을 추구해나가는 데 정부가 개입하는

것이 타당한가의 문제는 오랫동안 논란의 대상이 되어왔다. 2장에서는 기술혁신과 경제발전, 그리고 정부개입과 관련된 논란에 대해 간략히 살펴보도록 한다.

3장에서는 기술정책의 대상이 되는 기술 및 기술혁신의 특성이 무엇인지 간략히 살펴본다. 특히 기술이 가진 파급효과와 시장실패의 가능성에 대해 미시경제적 논리를 살펴보고, 시장실패의 논리로서 혁신과 관련된 투자가 정책개입이 없을 때, 일반적으로 사회적으로 바람직한 수준에 미치지 못하는 이유를 살펴본다. 시장실패는 정부의 개입을 정당화하는 가장 오래된 미시경제학적 논리로서 특히 기술의 진흥과 관련하여 정부가 어디에 얼마나 개입하여야 하는지 개념적 해답을 제공해준다. 또한 3장에서는 기술혁신의 원인과 과정을 이해하는 데 필요한 다양한 사고의 틀을 살펴본다. 대표적으로 선형혁신모형, 연계모형, 그리고 시스템모형을 간략히 소개한다.

4장에서는 앞서 시장실패의 논리에 대응하여 지난 30년간 발전해온 혁신시스템 이론을 살펴본다. 파급효과를 중심으로 한 시장실패의 논리와 달리 혁신시스템 이론에서는 최적화 이론의 틀을 거부하고 루틴(routine)과 역사적 궤적(trajectory)의 개념을 채택한다. 또한 기술이 그 자체로서 성립하는 것이라기보다 주위 사회경제 시스템과의 상호영향을 주고받는 가운데 진화적으로 발전한다는, 보다 넓지만 복잡한 관점을 채택한다. 이러한 관점을 채택할 경우 기술진흥을 위한 기술정책도 최적 개입이라는 방식을 취하기보다 연계에 중점을 두고, 정책 스스로 자기 교정해나가는 진화적 개입방식을 취하게 된다.

5장에서는 기술정책이라는 국가적 개입과 관련하여 균형론적 접근과 시스템적 접근을 비교하여 제시한다. 두 접근은 혁신의 발생과 활용과정에 대한 이해가 다르기 때문에 정책적 시사점도 다를 수밖에 없다. 이 장에서는 특히 개입의 당위성과 개입방법에서 어떤 차이가 있는지에 초점을 맞추어 살펴본다.

6장에서는 기술의 진흥에 초점을 맞추어 기초과학기술정책, 산업기술정책, 산업정책, 혁신정책의 네 가지 다른 정책개념에 대해 논의한다. 이들 개념은 흔히 혼동되어 활용되는 경우가 많고 1세대, 2세대와 같이 세대개념으로 잘못 이해되는 경우도 있다. 6장에서는 이와 관련하여 간단히 개념을 정리한다.

7장에서는 미국, 유럽, 일본의 기술정책 흐름을 간략히 비교하여 살펴본다. 아울러 우리나라의 기술정책에 대해서도 기술역량 및 산업발전의 과정과 대조하여 간략히 살펴본다.

8장에서는 구체적인 정책적 수단에 대해 논의한다. 기술정책의 범위가 넓기 때문에 수단 역시 다양하게 존재한다. 이 장에서는 먼저 다양한 기술정책들이 어떤 기준으로 구분될 수 있는지를 살펴본다. 아울러 기초과학정책과 산업기술정책의 두 가지 대표적인 사례를 들어 배경, 선진국 사례, 국내 현황, 그리고 각 정책에서의 과제를 간략히 살펴본다.

9장에서는 기술정책과 관련한 최근의 정책적 이슈를 살펴본다. 최근의 환경변화를 생각해야 하는 이유는 기술정책 역시 살아있는 생물과 같이 주위변화에 적응해나가지 않을 수 없기 때문이다. 이 장에서는 글로벌화의 심화, 기업가 정신과 산업동학에 대한 이해, 혁신과 고용, 추격과 탈추격, 그리고 기술정책의 범위 확대 문제를 간략히 살펴보고자 한다.

10장에서는 본서가 가진 메시지를 요약하면서, 기술정책이 후속세대, 연구자, 경영자, 의사결정자에게 어떤 시사점을 주는지에 대해 간략히 언급하겠다. 특히 기술이 스스로 존재하는 것이 아니기 때문에 기술개발에 종사하건 아니건 정책이 기술혁신에 어떤 식으로든 영향을 미친다는 것을 이해하는 것이 중요하고, 이를 위해 사회의 전반적인 움직임에 대해 보다 넓은 시야를 갖추는 것이 중요하다는 점을 강조하고자 한다.

## 토론 주제

1. 중앙정부 차원에서 어떤 기술정책 관련 조직이 있는지 찾아보자. 각 조직들 간의 관계와 그들이 하고 있는 일을 간략한 도표로 표현해보자.

2. 생명과 전자분야의 기술정책과 관련된 집단을 찾아서 각 집단의 종류와 역할을 비교해보자. 이 두 분야 간에 어떤 차이가 있는지, 왜 그런 차이가 생기는지 살펴보자. 기술레짐(technological regime)이 무엇인지 생각해보고, 기술레짐의 차이가 산업별 정책결정구조의 차이에 어떤 영향을 미치는지 생각해보자.

3. 성공적인 기술정책의 사례와 실패사례를 신문이나 전문잡지 기사에서 찾아보자. 성공요인과 실패요인을 정리하고 서로 비교해보자.

4. 과학기술 전문가이면서 기술정책에 기여한 인물의 사례를 국내외에서 찾아보자.

5. 우리나라에서 기술정책이 새롭게 수립되었거나, 변화된 최근 사례를 하나 찾아보자. 이 사례의 배경, 목적, 정책적 수단을 조사해보고, 누가 주도적인 역할을 하였는지, 어떤 과정을 거쳐 이루어졌는지 찾아서 정리하고, 서로 토론해보자.

# 2 기술혁신과 경제발전

인텔과 마이크로소프트, 삼성전자가 해마다 쏟아내는 기술혁신들을 떠올려보면, 다른 기업이 따라할 수 없는 기술을 가지고 있으면 더 높은 경쟁력을 유지할 수 있고, 더 많은 이윤을 누릴 수 있을 것이란 점을 쉽게 짐작할 수 있다. 이러한 기업들이 모인 국가도 당연히 발전하기 마련이다. 18세기와 19세기 세계를 지배한 영국의 경제발전 배경에는 증기기관 등 산업혁명을 주도한 기술혁명이 있었고, 20세기 강대국 미국의 경제성장 이면에도 컨베이어벨트, 전기, 인터넷 등 새로운 기술발전이 자리하고 있었다. 따라서 기술혁신이 경제의 발전에 긍정적인 영향을 미친다는 사실은 특별한 전문지식을 갖지 않은 일반인이라도 직관적으로 쉽게 납득할 수 있다.

그렇다면 국가의 경제성장 문제를 늘 고민하고 있는 경제학자들은 기술혁신과 성장 간의 관계를 어떻게 파악하고 있을까? 또 기술혁신이 경제성장에 미친 정도를 어떻게 측정하고 있을까?

경제학적 관점에서 기술혁신이 경제발전으로 이어지는 과정을 설명하는 가장 단순한 방식은 첫째, 경제발전의 주요한 원인으로서 생산성 향상(productivity growth)에 대해 살펴보고, 둘째, 생산성 향상의 원인으로서 기술혁신의 중요성에 대하여 살펴보는 것이다. 이 두 논의를 역으로 조합하면, 기술혁신이 생산성 향상으로 이어지고, 결국 경제성장으로 이어지는 경제학적 틀을 이해할 수 있게 된다.

먼저 경제발전을 설명하는 틀로서 1950년대부터 표준화된 생산성 이론을 살펴볼 필요가 있다. 경제학적 틀에서는 생산성 향상을 오랫동안 기술혁신 혹은 기술진보를 대신 표현하는 것으로 간주해왔기 때문에 생산성 향상의 의미를 깊이 있게 이해하는 것은 무엇보다 중요한 일이다. 이어 기술혁신과 생산성 향상 간의 관계를 좀 더 분명하게 별도로 논의한다. 이어서 경제발전을 위해 그리고 그 원동력으로서 기술혁신을 위해 정부가 개입하는 것이 타당한지, 혹은 어느 정도까지 개입해야 하는지에 대한 원론적 논의를 따로 살펴본다.

## 2-1 경제성장의 원인 분해: 생산성 향상의 의미

한 국가가 발전한다는 것은 소득, 삶의 질, 인권, 환경 등 여러 가지 측면에서 향상이 있다는 것을 의미하고, 어떤 측면에 초점을 맞추는가에 따라 판단할 수 있는 지표도 달라지게 될 것이다. 그러나 이 가운데 국가발전의 지표로 가장 흔히 쓰이는 것이 총 GDP 혹은 일인당 GDP로 표현되는 경제성장지표이다. GDP가 높다는 것은 곧 그 국가의 국민들이 벌어들이는 소득이 높다는 의미이고, 더 많은 소득이 있으면, 더 많은 소비를 할 수 있기 때문에 국민들의 삶의 질이 높아진다고 생각할 수 있다. 건강이나 인권, 환경 등 삶의 질과 관련된 여러 문제들도 소득이 높을 때 이 문제들을 위해 추가적으로 할애할 수 있는 자원이 많아지기 때문에 GDP 성장이 국가발전의 중요한 척도로 간주되는 것이다.

경제성장을 연구하는 많은 학자들은 GDP가 높아지기 위해서는 노동투입이나 자본투입과 같은 본원적 투입요소(primary input factors)가 더 많이 투입되거나 생산성이 향상되어야 한다고 생각한다. 본원적 투입요소인 노동이나 자본투입을 물적 투입이라 하고, 기타의 요소를 생산성 향상 혹은 기술진보(technological change)로 표현한다. 물적 투입과 생산성 향상으로 대표되는 경제성장의 요소들을 잘 살펴보면 경제가 어떤 원인으로 성장했는지, 그리고 앞으로 경제성장이 얼마나 가능할 것인지를 가늠해볼 수도 있다.

**| 성장회계에 의한 기술진보의 측정 |**

GDP증가율(경제성장율)이 노동투입증가율, 자본투입증가율, 생산성증가율의 가중합으로 구성됨을 보인 것인 성장회계(growth accounting)이다. 이를 수식으로 설명하면, 노동투입(labor input)과 자본투입(capital input)의 양을 각각 L, K라 하고, 총비용 대비 노동과 자본에 투입된 비용의 비중을 각각 $S_L$, $S_K$, 그리고 생산성을 TFP(Total Factor Productivity)로 표기하면, 다음과 같이 내용상 동일하지만 두 가지의 다른 표현으로 나타낼 수 있다.

$$(a)\ \frac{DGDP}{GDP}(\%) = \left[ S_L \left( \frac{DL}{L} \right)(\%) + S_K \left( \frac{DK}{K} \right)(\%) \right] + \frac{DTFP}{TFP}(\%)$$

$$\text{(b)}\ \frac{DTFP}{TFP}(\%) = \frac{DGDP}{GDP}(\%) - \left[ S_L\left(\frac{DL}{L}\right)(\%) + S_K\left(\frac{DK}{K}\right)(\%)\right]$$

위의 (a)식은 GDP 성장율을 노동증가기여분, 자본증가기여분, 생산성증가기여분으로 분해하는 것을 의미하고, (b)식은 생산성증가율이 GDP 성장에서 노동과 자본 등 물적요소의 기여분을 제한 나머지 잔차(residual)임을 나타내는 것이다. 생산성증가율은 몇 가지 제한적 가정하에서 기술진보율(rate of technical progress)로 간주할 수 있다. 가령 노동증가기여율이 1퍼센트, 자본증가기여율이 2퍼센트일 때, 경제성장률이 6퍼센트였다면, 경제성장률에서 투입증가로 설명되지 않은 잔차의 양 3퍼센트(3퍼센트=6퍼센트-1퍼센트-2퍼센트)가 생산성증가율로 계산될 수 있다. 위의 두 식은 경제성장의 원인을 설명하는 식이기도 하지만, 한편으로는 경제 전체의 기술진보율을 도출하는 식이기도 하다. 여기서 중요한 것은 기술발전의 속도가 빨라지면 생산성 증가율이 높아지고, 따라서 경제가 빠르게 성장하게 된다는 점이다.

경제성장의 원인으로서 물적 투입은 근본적으로 한계가 있다. 가령 노동투입의 경우 경제활동에 참여하는 근로자의 수나 근로시간이 무한정 확대될 수 없다. 또한 자본투입의 경우에도 자본구입에 필요한 재원을 확보하거나 투하된 자본을 활용하는 역량에 한계가 있을 수밖에 없기 때문에 무한대로 늘려 투입하는 것은 불가능하다. 따라서 노동이나 자본은 무한정 많이 투입할 수도 없을 뿐만 아니라 계속 투입한다고 해서 생산이 계속 증가하는 것도 아니라는 것을 쉽게 짐작할 수 있다.

노동이나 자본 등 물적 투입의 증대에 의한 경제성장은 산업화의 초기단계에서는 비교적 유용한 성장의 원천이 될 수도 있다. 가령 고용되지 못하고 유휴상태로 존재하는 농촌지역인구나 미취업 여성인구 등이 추가로 투입되면 경제성장이 어느 정도까지는 이루어질 수 있다. 자본의 경우에도 적극적인 외국자본 도입이나 저축 장려 등의 전략을 구사하면 어느 정도 수준까지는 확보가 가능하다. 그러나 앞서 지적한 바와 같이 노동이나 자본의 물적 투자는 물리적으로 한계가 있을 수밖에 없기 때문에 경제개발의 초기 단계를 제외하고는 경제성장에 장기적으로 기여하지 못한다.

물적 투입이 근본적 한계를 가진다고 할 때 경제성장을 위해 남아있는 원천은 곧 생산성 향상뿐이다. 생산성 향상이란 이전보다 투입을 더 늘리지 않으면서도 더 많은 산출량을 생산할 수 있는 효율의 증가를 의미한다. 물리적인 한계가 있는 노동, 자본 등 물적 투입과 달리 생산성 향상은 더 가치 있는 상품을 더 효율적으로 만들어내는 '역량(capability)'의 증가를 의미하기 때문에 물리적 제약이 없이 무한히 일어날 수 있다는 점에서 큰 차이가 있다. 투입을 더 늘리지 않으면서도 생산을 더 늘리는 것은 보통 새로운 기술을 채택할 때 가능하기 때문에 경제학자들은 오랫동안 생산성 향상(productivity growth)을 기술발전(technological change)의 척도로 간주해왔다. 이러한 의미에서 생산성 향상, 곧 기술발전은 경제성장의 '마르지 않는 원천'으로서 모든 국가의 경제정책에서 최우선 관심사로 자리매김하고 있다. 다음의 그림은 생산성 향상을 이룬 국가가 경제성장도 이룬다는 것을 잘 보여주고 있다.

[그림 2-1] 국가별 생산성 성장과 GDP 성장의 관계 (OECD 국가)

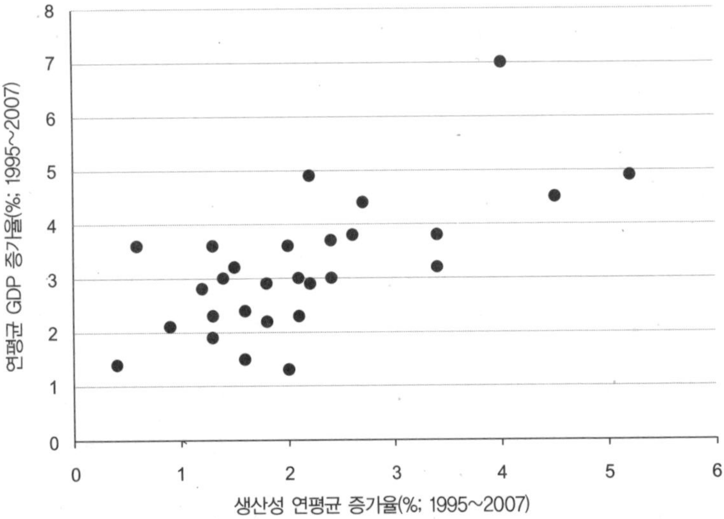


출처: OECD Productivity Database의 자료를 기초로 작성

## 2-2 생산성 향상과 기술혁신

생산성 향상이 오랫동안 기술발전의 척도로 간주되어온 것에서 알 수 있는 것처럼, 기술혁신이 생산성 향상을 견인하는 가장 중요한 요인이라는 데는 별다른 이견이 없다. 즉, 기술적 아이디어를 창출하거나 새로운 기술을 내재하고 있는 장비 혹은 재료를 채택함으로써 같은 투입으로도 더 많은 부가가치를 올릴 수 있게 되고, 이것이 곧 생산성 향상이라는 결과로 측정되는 것이다. 물론 복잡한 방법론을 적용하여 좀 더 엄격하게 논의하면 기술발전 이외에도 규모경제(economies of scale)의 효과나, 자본이용율(capacity utilization)의 향상과 같은 요소들

이 생산성 향상에 기여하는 것을 계산해낼 수도 있지만, 경기변동의 요소를 제거하고, 거시적, 장기적으로 볼 때 기술혁신이 없이는 생산성 향상을 이룩할 수 없다는 것이 공통된 견해이다(Jorgensen, 1995).

기술혁신과 생산성 향상과의 관계에 대해 좀 더 분명한 확신을 얻기 위해 기술혁신을 대리하는 지표로서 GDP 대비 R&D투입을 상정하고, 생산성 향상과의 관계를 그림으로 나타내보면 다음과 같이 대체로 양의 상관관계가 있음을 알 수 있다.

**[그림 2-2] 국가별 기술혁신과 생산성과의 관계 (OECD 국가)**

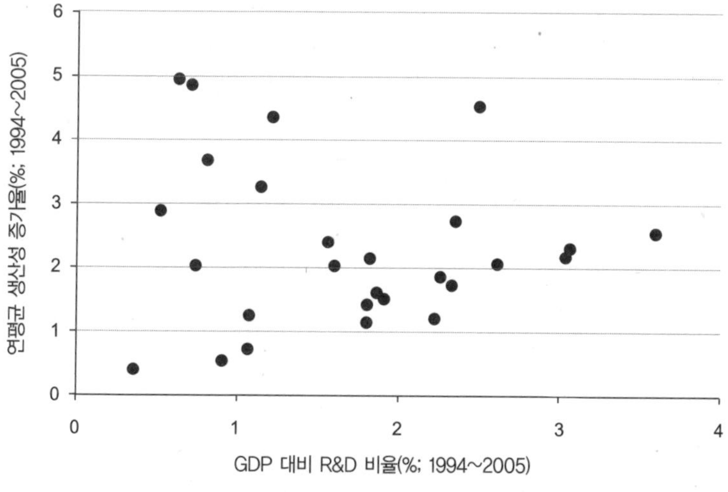


출처: OECD Productivity Database의 자료를 기초로 작성

지금까지 논의를 간단히 정리하면 경제성장의 원천 가운데 가장 중요한 원천이 생산성 향상이며, 생산성 향상은 기술혁신으로 유도됨을 알 수 있다. 이를 거꾸로 생각하면, 기술혁신이 생산성 향상의 근간이

며, 생산성 향상이 있어야 안정적인 경제성장이 가능하게 됨을 알 수 있다.[3]

기술혁신이 생산성 향상으로 나타나고, 경제성장으로 이어지는 이상의 논의를 간략히 요약하여 그림으로 나타내면 다음과 같다. 따라서 경제성장을 염두에 둔 모든 국가는 기술혁신을 어떻게 활성화할 것인가를 국가정책의 최우선 과제로 삼을 수밖에 없고, 따라서 기술정책은 명시적이든 아니든, 중장기 국가정책의 핵심이 될 수밖에 없다는 것을 알 수 있다.

**[그림 2-3] 경제성장의 원인 분해**

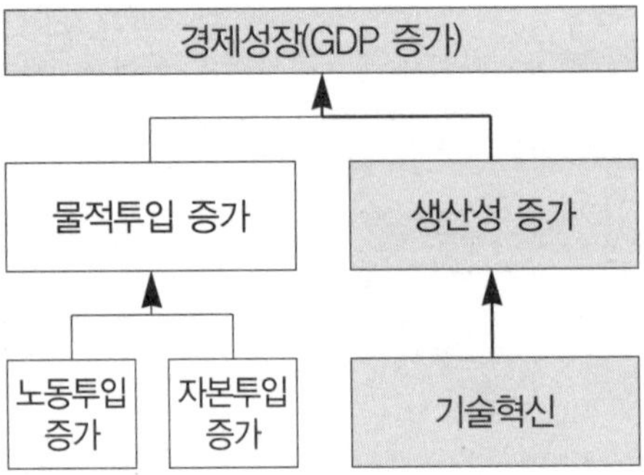


3 이러한 논의의 흐름을 따라 OECD는 최근 기술혁신과 경제성장 간의 관계를 분석하고, 그 결과로서 기술혁신을 1퍼센트 증가시키면 경제성장율이 0.45~0.5퍼센트 정도 높아지는 것으로 보고한 바 있다(Guellec, et al., 2001). 다만 이와 같은 회귀분석결과를 해석할 때는 상당한 주의를 요한다. 즉 어떤 국가를 분석대상으로 하는가, 혁신의 지표로 무엇을 사용하는가, 어떤 시기를 분석하는가, 혁신의 시차를 어떤 방식으로 고려하고 있는가 등 다양한 고려사항에 따라 그 결과값이 민감하게 달라질 수 있다. 따라서 위의 수치도 기술혁신과 경제성장이 양의 상관관계에 있다는 것을 보여주는 하나의 사례로 간주하여야 한다.

## 2-3 기술혁신을 위한 정책의 역할

지금까지의 논의는 기술혁신이 이루어져야 생산성 향상이 이루어지고, 이를 통해 경제가 성장할 수 있다는 것으로 요약된다. 특히 개발도상국의 경우에는 더 빠른 생산성 향상을 이루어야 선진국을 따라잡을 수 있기 때문에 기술혁신의 필요성이 더욱 절실하다고 할 것이다.

그렇다면 기술혁신을 이루기 위해서 특히 정부가 정책적으로 할 수 있는 일이 있을까? 이 문제에 답하기 위해서 먼저 산업 경쟁력을 높이기 위해 정부가 정책적으로 개입하는, 이른바 '산업정책'을 두고 벌어졌던 타당성 논쟁을 주의 깊게 살펴볼 필요가 있다. 그 이유는 첫째, 경제발전을 위한 국가의 역할이 가장 명쾌하게 드러난 부분이 산업정책이었고, 둘째, 산업정책의 수단 측면에서 기술정책이 가장 핵심을 차지하는 부분이기 때문이다. 그리고 가장 중요하게는 과거의 산업정책에 대한 논의가 최근의 WTO체제에서 기술정책에 관한 논의로 수렴하고 있기 때문이다.

국가가 산업의 경쟁력을 높일 목적으로 정책적으로 개입하는 것이 산업발전에 근본적인 도움이 되었는가의 논쟁은 동아시아 경제발전에 대한 해석을 둘러싸고 치열하게 전개되었다. World Bank(1993), Noland and Pack(2003)을 포함하여 보수적 견해를 가진 입장에서는 국가의 적극적 역할에 대해 회의적인 의견을 표명해왔다. 그 이유는 첫째, 정부의 정책적 개입이 산업발전에 긍정적 효과를 가져왔다는 통계적 증거를 발견하기 어렵고,[4] 둘째, 동아시아가 본격적으로 성장을 시작하기 이전에 이미 높은 인적자본과 법치주의 등 경제발전을 위한 기본을 갖추고 있었다고 주장한다. 따라서 정부가 한 일은 시장을 개방하고, 거시경제적 안정을 기하는 등 시장원리에 충실하였던 것이었고, 선택과 집중을 통한 육성은 효과가 없었다고 주장한다. 반면 Jang(1996) 등 이른바 수정주의적 견해를 가진 연구자들은 정책적 개입으로 산업발전에 성공한 많은 사례들이 존재하고,[5] 둘째, 높은 수준의 제도적 여건을 갖춘 상태에서 정부의 자유방임적 입장이 모두 성공한 것은 아니라는 점을 들어 정부의 적절한 역할이 동아시아 경제발전의 비결이라고 주장한다.[6]

---

4 통계적 증거가 없을 뿐만 아니라 많은 실패사례가 있다고 주장한다. Miller(1984), Smith(1995) 등은 일본, 유럽을 포함 여러 개발도상국에서 많은 실패사례를 발견할 수 있음을 보여준다. 예를 들어 일본의 통산성은 조선업에 개입하여 자금을 제공함으로써 설비투자를 장려하는 등의 노력을 하였으나 결국 사양 산업으로 전락하고 말았다. 영국과 프랑스는 천문학적 자금을 초음속 비행기 개발에 투자하였으나 콩코드라는 흉물을 만드는 것으로 귀결되었다. 인도네시아는 자국 자동차 산업을 육성하기 위해 외제차에 175~275퍼센트에 이르는 관세를 부과하고, 기술개발을 위해 20년 이상 많은 공적자금을 투입하였으나 결국 실패하였다.

5 세계적 경쟁력을 가진 우리나라의 전자, 조선, 철강 산업은 국제적으로 대표적인 산업정책의 성공사례로 손꼽힌다.

6 Clark and Wolcott(2003)은 인도의 사례를 들어 시장경제체제의 제도적 여건이 갖추어진다고 해서 모두 발전하는 것이 아니라는 점을 설득력 있게 제시하였다. 인도는 1947년 영국으로부터 독립을 할 당시 언어(영어), 법치주의, 사유권제도, 계약제도 등 근대적 시장경제체제의 모든 제도적 여건을 당시 영국 수준으로 갖추고 있었으나 20세기 말까지 성장을 이룩하지 못하였다. 최근 인도의 급부상 역시 획기적인 제도적 개혁에 의한 것이 아니라 시장문호를 일부 개방한 정도의 작은 변화에 기인한 것임을 감안한다면, 보수적 시장주의자들이 주장하는 것처럼 제도적 여건이 완벽하게 갖추어진다고 해서 성장이 보장되는 것이 아님을 알 수 있다.

### | 동아시아 경제발전과 정부역할에 대한 다양한 해석 |

경제발전론과 정부개입이론의 관점에서 동아시아 경제발전 사례만큼 논란을 불러일으킨 것은 없다고 해도 과언이 아니다. 동아시아 경제발전을 둘러싸고 나타난 대안적인 견해들 몇 가지를 살펴보면 다음과 같다.

(i) Krugman(1994) 등은 생산성 향상이 거의 없었고, 오로지 투입확대에 의해서만 경제성장이 이루어졌다고 주장한다. 이러한 투입확대가 무한정 이루어질 수 없기 때문에, 동아시아의 성장은 결국 한계에 부딪힐 수밖에 없다고 본다. (ii) World Bank(1993), Smith(1995) 등은 생산성 향상이 있었다는 점에 대해서는 인정하지만, 기본적인 시장원리(market fundamental)를 충실히 한 것 때문일 뿐, 정부가 인위적, 전략적으로 개입하여 선택과 집중을 한 결과가 아니라는 점을 강조한다. 즉, 시장을 개방하고 거시경제적 안정을 기함으로써, 비교우위 산업이 자연스럽게 발달하고, 다음 성장단계로 진입할 경제적 성과가 창출되어 경쟁력이 향상되는 이른바 선순환 구조가 생길 수 있었다고 주장한다. (iii) Romer(1990) 등 신성장이론가들은 생산성 향상이 있었지만, 그것이 인적자본의 축적과 기술확산과 같은 내생적(endogenous) 매커니즘에 의해 이루어진 것이라는 새로운 해석을 제시한다. 즉 생산성 향상 자체는 인정하되 그 발생의 원인을 달리 파악하는 것이다. 이들은 내생적 성장의 선순환이 처음 시작되기 위해서는 적절한 정부 역할이 어느 정도 필요하다고 생각하고 있다. (iv) 전략적 무역론(strategic trade theory)자들은 동아시아 국가들이 공통적으로 보인 무역정책의 패턴에 주목한다. 즉, 관세 등 무역관련 정책도구를 전략적으로 이용하여 특정 산업분야를 선별적으로 지원함으로서 인위적으로 비교우위를 창출할 수 있었던 것이 동아시아 경제발전의 원인이라고 주장한다. (v) Norland and Pack(2003)과 같은 자유주의적 제도론자들은 동아시아가 경제발전을 시작하기 이전에 이미 인적자본이나 경제적 제도 등 제반 여건이 상당한 수준에 올랐음을 지적하였다. 정부는 무역자유화 등 단지 경제발전을 위한 계기만을 제공하였을 따름이라고 주장한다. 이들은 개혁개방 후 중국의 급속한 경제발전에 대해서도 오래전부터 중국이 잠재력을 가지고 있었을 뿐 중국정부의 전략적 산업정책과는 상관이 없다고 주장한다. (vi) Jang(1996), Amsden(1989); Alam(1989) 등 개입주의적 수정론자들은 정부가 목표를

설정하고, 산업을 선별적으로 육성하는 등 다양한 방법으로 역할을 한 결과 동아시아의 경제발전이 가능했다고 주장한다. 이들은 정부의 역할에 대하여 가장 포괄적으로 긍정하는 입장을 취한다.

국가의 개입이 효과가 있는지에 대한 논쟁은 1990년대 중반 이후 남미의 실망스러운 경제발전 성과를 두고 또 다시 첨예하게 전개되었다. 남미 국가들은 1980년대 이후 개방, 규제완화를 위시한 정부개입 축소, 거시경제적 안정성 등을 핵심으로 하는 워싱턴 컨센서스(Washing-ton Consensus)를 철저하게 추종했었다.

산업발전을 위한 정부의 적극적 개입을 금기시하고, 시장원리를 충실히하는 데 주력하였던 남미가 성장에 뚜렷한 한계를 보이자, 워싱턴 컨센서스의 타당성에 대해 의문이 제기되기 시작하였다. 정부개입을 최소화한 남미의 실패는 적극적인 정책개입으로 특징 지워진 동아시아의 성공과 대비되어 국가의 역할에 대한 새로운 인식이 필요하다는 공감대를 불러일으켰다.

최소한의 정부를 주장하는 워싱턴 컨센서스에 대한 반발로서 최근에는 일정한 정부의 역할이 필요하다는 데는 넓은 이해가 형성되어 있다. 그러나 개입이 필요한 분야와, 정도 및 방법에 대해서는 여전히 이견이 있다. 극단적으로 자유무역의 폐해에 주목하고, 전략적 보호무역 장벽을 이용하여 전략산업을 육성해야 한다는 주장에서부터, 인프라와 제도적 환경의 개선에 더욱 치밀하게 매진해야 한다는 주장까지 폭넓은 관점들이 제기되고 있는 중이다.

그러나 최근의 주목할 만한 경향은 정부개입에 대한 논의가 넓은 의미의 기술정책이라 할 수 있는 혁신정책(innovation policy)으로 수렴되고 있다는 것이다. 그 이유는 첫째, 산업의 경쟁력에서 기술과 같은 무형자산의 역할이 더욱 커지고 있고, 이에 따라 기술혁신의 중요

**| 워싱턴 컨센서스 |**

워싱턴 컨센서스(Washington Consensus)는 Williamson(1990)에 의하여 체계화된 개도국 경제발전을 위한 일련의 경제개혁 패키지를 의미한다. 워싱턴 컨센서스는 정부의 인위적 개입이 가져오는 정부실패의 위험성을 경계하고 규제완화, 민영화, 자유화, 개방 등 일련의 조치를 통해 작은 정부를 구현할 것을 주장한다. 이를 기반으로 시장의 기본원리를 공고히 하는 데 정책의 초점을 두어야 한다고 주장한다. Rodrik(2006)은 원래 의미의 워싱턴 컨센서스가 한계가 있었다고 주장하고 10가지의 추가적인 조건을 제시함으로서 워싱턴 컨센서스의 확장판을 주장하였다. 아래의 표에서 이 두 가지 조건들의 묶음을 정리하였다.

| 워싱턴 컨센서스 | 확장된 워싱턴 컨센서스<br>(앞의 10가지 조건에 더하여) |
|---|---|
| 1. 재정 건정성 | 11. 기업지배구조개선 |
| 2. 정부지출 합리화 | 12. 반부패 |
| 3. 조세개혁 | 13. 노동시장유연성 |
| 4. 금융자유화 | 14. WTO 가입 |
| 5. 통일적, 경쟁적 환율 시장 | 15. 금융선진화 |
| 6. 무역자유화 | 16. 자본계정 정비 |
| 7. 외국인투자에 대한 개방 | 17. 자율적 환율결정 |
| 8. 민영화 | 18. 중앙은행 독립/ 물가정책 |
| 9. 규제완화 | 19. 사회적 안전망 확보 |
| 10. 재산권 보호 | 20. 빈곤억제 |

성에 대한 인식이 높아졌기 때문이다. 따라서 기술혁신을 위한 국가적인 중장기 노력이 필요하다는 데 강한 공감대가 형성되어 있다. 둘째, WTO를 비롯하여 각종 국제적 규범들이나 FTA와 같은 쌍방협정들 때문에 과거 한 국가가 일방적으로 실시할 수 있었던 산업정책의 주요한 수단들을 다른 나라와의 협의 없이는 사용할 수 없게 되었다. 셋째, 자유방임이 아니라 정부가 어느 정도 산업 활동에 개입할 필요가 있다는 인식이 확산되었음에도 불구하고, 복잡해지고 불확실성이 커진 경제 환경에서 과거와 같이 정부가 우월한 정보와 역량을 갖고 선택집중하는 방식으로 산업을 육성하거나 조정하는 정책을 펴나가는 것이 더 이상 유효하지 않기 때문이다.

이러한 인식의 전환에 따라 첫째, 산업발전을 위한 정부 개입의 '목표'가 과거 산업의 구조를 인위적으로 조정하고자 하는 것에서 기술경쟁력을 확보하는 것으로 초점이 변하고 있다. 둘째, 정부정책의 주요한 '수단'들이 과거 시설투자보조 및 단순 인력재배치 등 물적 자원을 확보해주는 것에서부터 점차 기술력 확보를 위한 지원으로 바뀌어 가고 있다. 셋째, 정부개입의 '범위'가 직접 기업 활동을 지원하는 것에서 대학, 연구소, 해외 부문 등 기업을 둘러싼 다양한 기술혁신주체들을 지원하는 것으로 넓어지고 있다. 넷째, 정책의 '수립과 집행' 과정에서 우월한 정보와 역량을 지닌 정부가 선도하는 방식에서 점차 다양한 혁신 주체들이 산업의 기술경쟁력 확보라는 공동의 목표 아래 서로 협조해가는 분권화된 방식으로 변화하고 있다.

이상의 논의를 다시 요약하면, (i) 과거 산업정책적 개입에 대해 많은 논쟁이 있었다. (ii) 그러나 최근 국가의 개입에 대해 어느 정도 긍정적인 공감대가 형성되어가고 있는 중이다. (iii) 그럼에도 불구하고 개입의 방법에서 과거와 같은 산업정책적 수단들이 더 이상 유용하지 않다는 데 공감대가 있고, (iv) 이에 넓은 의미의 기술정책인 혁신정책의 틀 내에서 산업발전을 위한 정부 개입의 문제를 풀어가고 있다.

기술혁신을 바탕으로 산업경쟁력을 높이기 위해 정책적으로 개입하는 것이 기술정책이라고 한다면, 위의 논의들은 기술정책이 국가경제발전을 도모하는 정책 가운데 가장 중요한 정책이 될 것임을 시사하고 있다.

**| Lall의 산업기술정책이론 |**

경제발전을 위한 정부의 역할에 대해서는 많은 전문가들이 치열하게 논쟁을 벌여왔고, 지금도 논쟁이 계속되고 있다. 그 가운데서도 옥스포드 대학의 개발경제학(development economics) 전문가인 Lall, S.은 일반적인 정부의 역할이 아니라 기술의 발전과 관련된 정부의 역할에 초점을 맞추어 일관된 주장을 하고 있다는 점에서 주목할 만하다. 특히 한국, 대만, 싱가폴 등 동아시아 국가들의 구체적인 사례를 다수 제시하고 있다. Lall(1996)에서 제시된 논리를 간략히 요약하면 다음과 같다.

(i) 국가가 발전한다는 것은 더 높은 수준의 기술을 소화, 활용할 수 있다는 것을 의미한다. 즉, 더 높은 기술역량이 있을 때 부가가치를 높일 수 있고, 경제발전이 이루어진다. (ii) 후발국가는 노동, 자본 등 여러 투입요소시장(input market)과 상품시장(product market)이 잘 작동하지 않는 시장실패의 문제를 가지고 있으며 그중에서도 특히 기업의 기술(흡수)역량을 배양하는 부분에서 시장의 원리가 제대로 작동하지 않는 공통된 특징을 가지고 있다. 이는 기술학습을 위한 기업의 투자가 절대적으로 부족하기 때문이다. (iii) 그러므로 기술역량의 향상을 위해 정부는 적극적으로 개입해야 하며, 단순히 거시경제적 안정성만을 중시하는 소극적인 방식으로는 경제발전을 이룩할 수 없다. (iv) 개입에서 정부가 정책적으로 활용할 수 있는 자원

은 한정되어 있기 때문에 개입은 필연적으로 선택과 집중의 방식으로 이루어질 수밖에 없다. 따라서 중립적 개입(neutral intervention)이나 시장 친화적 개입이라는 개념은 자기 모순이다. (v) 기술역량 향상을 위해 정부는 전략적인 외국인직접투자(FDI)정책을 써서 기술도입을 촉진하고, 혁신활동에 필요한 자금을 공급하며, 자본시장을 개선하고, 전략산업을 지원하기 위한 인력양성에 나서고, 혁신인프라 조성에 역점을 두어야 한다. (vi) 정부실패의 가능성 역시 항상 존재하기 때문에 수출시장을 적극 활용하여 지원대상 산업과 기업이 외부와 경쟁하도록 환경을 조성해갈 필요가 있다.

## 토론 주제

1. '기술혁신(innovation)', '생산성(productivity)', '경제성장(economic growth)'의 키워드를 모두 조합하여 기술혁신이 경제성장과 어떤 관계에 있는지를 보여주는 국내외 신문이나 전문잡지의 기사를 찾아보고, 서로 토론해보자.

2. 주요 국가별로 기술혁신의 정도를 표현할 적절한 지표를 찾고, 그 지표와 경제성장 지표간의 관계를 도표로 그려보자. 서로 다른 지표를 사용하여 얻은 다른 결과를 놓고, 그 원인에 대해 토론해보자.

3. 우리나라 경제성장의 원인을 분석한 보고서 형식의 자료를 찾아보자. 기술혁신이 경제성장에 얼마나 영향을 미쳤는지를 해당 보고서에서 찾아 정리하고, 토론해보자.

4. 기술혁신이 경제성장으로 이어지는 다양한 경로를 그림으로 그려보자. 동료가 그린 그림과 비교해보고, 어떤 점에서 서로 다른지 토론해보자.

5. 산업혁명이후 오늘에 이르기까지 프랑스, 영국, 독일, 미국, 일본 등 경제 강국이었던 나라들의 우열이 어떻게 달라졌는지를 살펴보자. 후발국가가 선도국가를 따라잡는 과정에서 기술혁신과 이를 뒷받침하는 기술정책이 어떤 역할을 했는지 찾아보자.

# 3 기술, 기술혁신의 특성

기술은 간단히 말해 인간의 목적에 맞게 자원을 조합할 수 있는 능력을 의미한다. 주로 인간의 머릿속에 암묵적 지식의 형태로 존재하거나, 설계도, 설명서, 특허, 도안 등 문서의 형식으로 존재하는데, 공통된 특징은 물건 자체가 아니라 무형의 형태로 존재한다는 것이다. 이처럼 기술은 비록 눈으로 볼 수 없지만 생산과정에서 없어서는 안 될 필수적인 요소이다. 무언가를 만들어내려면, 재료, 노동, 자본 등 구체적인 무엇인가를 투입해야 하지만, 동시에 이 물리적 요소들을 어떻게 조합할 것인가에 관한 아이디어가 있어야 하기 때문이다. 전자의 것들을 유형적 자산(tangible asset)이라고 부르며, 아이디어로서의 기술은 무형적 자산(intangible asset)이라고 한다.

이처럼 기술에는 눈에 보이지 않는다는 중요한 특징 외에도, 외부 파급효과가 존재하고, 이 때문에 기술을 가진 사람이 기술로부터 얻는 성과를 전속적으로 가져갈 수 없으며, 본질적으로 높은 위험성을 가지고 있는 등 여러 가지 특징들이 있다. 이어지는 1절에서 이들 특징 중 대표적인 것들을 살펴보고, 기술 정책적 시사점이 무엇인지 간략히 요약하고자 한다.

2절에서는 기술의 공공재적 속성과 관계된 사회적 수익률의 개념을 살펴보고, 3절에서는 시장구조와 기술혁신의 유인(incentive) 간의 관계에 대해 간략히 정리하고자 한다. 마지막 4절에서 기술혁신의 과정을 이해하는 여러 다른 개념 틀을 살펴보고자 한다.

## 3-1 기술혁신의 특성

### 1) 외부 파급효과

기계나 토지와 같은 유형적인 자원은 한 사람이 그것을 활용하고 있을 때 다른 사람이 동시에 활용하는 것이 불가능하다. 그러나 기술은 무형적인 지식이기 때문에 한 사람이 사용하고 있을 때에도 다른 사람이 동시에 사용할 수 있다. 예를 들어 한 농장에서 토마토의 수확률을 높이는 좋은 기술이 활용되고 있을 때 이를 알게 된 다른 농장에서도 그 기술을 사용할 수 있다. 여기서 기억해야 할 점은 다른 농장에서 이 기술을 사용하고 있는 중이라 할지라도, 원래의 농장이 그 기술을 활용하는 데 아무런 지장이 없다는 점이다. 기술의 이러한 특성을 비경합성(non-rivalry)이라고 한다. 한편, 케이블 텔레비전과 같은 경우 가입자에 한해서 신호를 보내주면 되기 때문에 특정한 사람을 소비에서 배제하는 것이 가능하다. 그러나 기술은 무형적인 것이기 때문에 그 기술을 접한 사람이면 누구나 사용할 수 있게 되고, 따라서 어떤 사람이 사용하는 것을 특별히 배제하기도 어렵다. 이와 같은 기술의 특성을 비배제성(non-excludability)이라고 한다. 기술이 다른 재화와 가장 크게 다른 점이 바로 비경합성, 비배제성이다.

기술의 비경합성, 비배제성은 기술의 외부효과(externality)를 낳는 근원적인 이유가 된다. 예를 들어 한 사람이 오랜 기간과 비용을 들여 생산성을 50퍼센트 높이는 기술을 개발했다고 하자. 그 기술을 친구를 통해서든, 학회나 잡지 혹은 방문을 통해서든, 이웃의 생산자가 알게 되었다고 할 때 그 기술을 적용하여 생산성을 50퍼센트씩 높일 수 있게 될 것이다. 여기서 중요한 점은 그 기술을 배워서 적용한 사람들은 기술을 만들어내기 위해 비용과 노력을 들이지 않았음에도 불구하고 생산성이 높아지는 효과를 거두게 된다는 점이다.[7] 따라서 기술은 외부 파급효과(spillover effect)[8]를 가지게 되고, 경제학에서 말하는 공

---

7 이를 무임승차(free-riding)라 한다.

8 기술의 파급효과에는 비체화파급(dis-embodied spillover)와 체화파급(embodied spillover)의 두 가지 경로가 있다. 비체화파급이란 본문에서 예를 든 것과 같이 기술개발의 결과를 다른 사람으로부터 전해 듣는 등 비용이 지불되지 않은 상태에서 전파되는 경우를 말한다. 반면 체화파급은 기술이 한 제품에 내장되어 있어 그 제품을 구입하기 위해 비용을 지불함으로써 그 기술을 얻게 되는 경우를 말한다. 가령 A사가 다년간의 연구개발투자 끝에 새로운 메모리칩을 만들었고, 이 메모리칩을 구입한 B사가 이를 바탕으로 새로운 디지털 카메라를 만들었을 경우 B사는 기술 자체를 구매한 것은 아니지만 그 기술이 포함된 제품을 구입함으로써 사실상 기술을 활용한 셈이 된 것을 의미한다. 체화파급은 비용이 지불되기 때문에 그 지불비용의 수준에 따라 파급된 효과의 크기가 달라진다. 극단적으로 시장이 너무 경쟁적이어서 A사가 더 성능이 높은 메모리칩을 만들었음에도 이전의 메모리칩과 같은 가격으로 팔 수밖에 없었을 경우 그 칩을 만들기

공재(public goods)로서의 특성을 갖게 된다.

어떤 재화가 공공재로서 긍정적인 외부효과를 갖게 되면, 사회적으로 바람직한 수준보다 그 재화가 적게 생산되는 것이 일반적이다. 기술혁신에 대하여 이 논리를 적용하면 다음의 그림과 같다.

**[그림 3-1] 기술의 외부 파급효과와 그 영향**

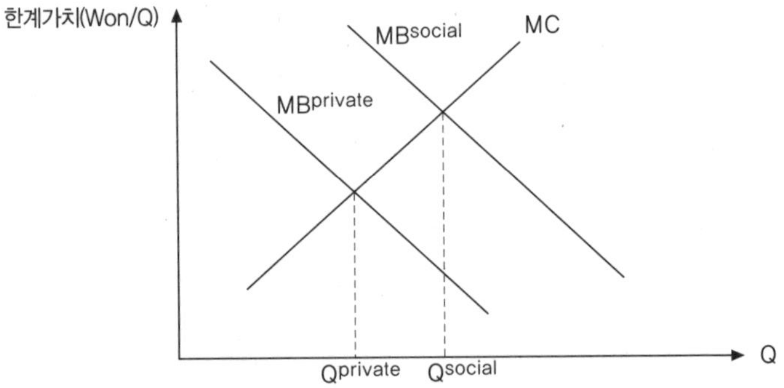


그림에서 가로축은 기술혁신정도(Q)를 의미하고, 세로축은 화폐로 표시되는 한계가치[2]를 나타낸다. 가로축의 오른쪽으로 갈수록 기술혁신이 많이 일어나는 상황이라 생각하면, 더 많은 기술혁신을 얻기 위

위해 투입한 연구개발의 성과 대부분은 이 칩을 구매한 구매자들에게 돌아간다고 볼 수 있다.

2 한계가치(marginal value)는 마지막 상태에서 한 단위를 더 추가하였을 때 소요되거나 얻어지는 가치를 의미한다. 즉 100개의 생산을 하기 위해 총 비용이 1000원 든다고 하고, 101개 생산에는 1100원이 소요된다면 100개 상태에서의 한계비용은 100원/개이 된다. 반대로 100개를 소비해서 얻어지는 편익의 가치가 1000원에 해당하고, 101개를 소비해서 얻어지는 편익의 가치가 1100원이라면 한계편익은 100원/개가 된다. 한계비용은 일반적으로 우상향하고 한계가치는 우하향한다.

해서는 점점 더 많은 비용이 요구될 것이기 때문에 우상향하는 혁신의 한계비용(Marginal Cost: MC)을 생각할 수 있다. 반면 기술혁신이 이미 많이 도입된 상황에서 한 단계 더 기술혁신을 채택한다고 하더라도 그로부터 추가적으로 얻어지는 편익은 점차 작아지게 될 것이다. 따라서 그림에서와 같은 우하향하는 혁신의 한계편익(Marginal Benefit: MB) 곡선을 생각할 수 있다.

기술혁신의 생산자와 소비자만을 고려하면 한계비용(MC)과 한계편익($MB^{private}$)의 두 선이 만나는 $Q^{private}$에서 기술혁신의 최적 수준이 결정될 것이다. 그러나 외부 파급효과가 있게 되면, 사회전체가 얻게 되는 한계편익($MB^{social}$) 곡선은 기존의 한계편익($MB^{private}$) 곡선보다 높은 수준에 놓이게 된다. 따라서 사회전체 관점에서 바람직한 기술혁신의 수준은 한계비용과 사회적 한계편익곡선($MB^{social}$)이 만나는 $Q^{social}$에서 결정되어야 한다.

이 논리를 살펴보면 외부 파급효과가 있을 때 사적 의사결정이 이루어진다면, 사회적으로 바람직한 수준의 기술혁신($Q^{social}$)보다 항상 작은 수준의 기술혁신($Q^{private}$)이 일어날 것임을 예상할 수 있다. 혁신의 주체가 기업이라고 생각하고, 기술혁신의 수준을 연구개발투자액이라고 쉽게 생각해보면, 위의 결과는 기업이 투자하는 연구개발투자액이 우리 사회 전체적으로 볼 때의 바람직한 연구개발투자액에 항상 못 미치게 될 것임을 의미하는 것이다.

외부 파급효과는 기술정책의 관점에서 여러 가지 시사점을 가진다. 첫째, 파급효과가 상당히 존재하는 것으로 확인된다면, 민간의 자발적 의사결정에 맡겨서는 사회적으로 바람직한 수준의 기술혁신을 얻을 수 없기 때문에 여러 가지 방법으로 $Q^{private}$를 $Q^{social}$로 끌어올리기 위한 정책을 펴야 할 당위성이 있다. 여기에는 기업에 대한 직접적인 연구개발자금 지원이나 조세 지원 등 다양한 수단들이 있을 수 있다. 둘째, 사회적 관점에서 보면 동일한 기술개발로부터 가능한 많은 사람들이 혜택을 보는 것이 바람직하기 때문에 기술파급을 높이기 위한 정책적 노력의 당위성이 있다. 이를 위해서 기술확산센터(technology extension center) 설립이나 교육 등 다양한 방법들을 사용할 수 있다.

**| 기술파급효과의 예 |**

"1958년 미국 대통령 아이젠하워는 당시 소련보다 뒤처졌다고 판단된 과학기술의 경쟁력 확보를 위해 정부 내에 새로운 연구지원 기관을 설치하게 되는데, 그것이 바로 고등연구계획국(ARPA)다. ARPA는 곧 미국 전역의 대학과 연구소에 대대적으로 연구비를 제공하는데, 이에 따라 연구에 참여한 여러 대학과 연구소를 연결하여 서로 정보를 교환함으로써 연구의 효율을 올릴 수 있는 시스템이 요구되었다. 그 결과 각지에 산재되어 있는 수많은 컴퓨터끼리의 정보교환을 위한 네트워크를 구축하게 되었으며, 이로써 알파넷이 대두되었다. 이것은 컴퓨터 통신망의 원조로 간주되고 있다."

출처: 김도연 (2004)

### 2) 혁신의 수익률

수익률(rate of return)이란 투자금액 대비 벌어들인 수익의 비율을 의미한다. 모든 투자에는 수익률이 있기 마련이고, 이것이 투자의사결정의 중요한 판단기준이 된다. 그렇다면 혁신에 투자하면 얼마의 이익을 거둘 수 있을까? 과연 다른 투자대안에 비하여 높은 수익률을 가져다주는 것일까? 혁신에 투자되는 자금은 다른 투자대안에 활용되어 투자수익을 얻거나, 극단적으로 은행에 예치함으로써 안정된 이자수익을 거둘 수도 있는 자금이다. 따라서 혁신에 투자하는 사람 입장에서는 당연히 혁신의 수익률을 중요하게 생각하지 않을 수 없다.

혁신의 수익률은 사전과 사후가 다르고, 사적인 수익률과 사회적 수익률이 다르다. 또한 개별 프로젝트 수준에서부터 기업, 산업, 국가 수준과 같이 다양한 수준에서 정의될 수 있다.

먼저 사전적인 수익률(ex-ante rate of return)은 투자가 이루어지기 전의 예상수익률로 미래에 대한 불확실성이 내포되어 있기 때문에 확정적인 값으로 주어지기보다 범위로 표현되거나 확률과 함께 제시된다. 이에 반하여 사후적인 수익률(ex-post rate of return)은 투자가 이루어지고 나서 발생한 수익을 계산한 것이므로 확정적인 값으로 나타나게 된다.[10] 사후적 관점에서 혁신투자의 이익을 살펴보면, 첫째 이익을 가져다주는 성공적인 혁신투자의 건수가 많지 않고, 둘째, 아주 큰 이익을 가져다주는 소수의 혁신투자와 이익을 전혀 내지 못하거나 손해를 안겨주는 이른바 실패한 다수의 투자가 섞여 있는 특징이 있다. 이런 과제들을 포트폴리오로 묶어 사후적으로 평균을 취해보면 혁신투자대비 평균이익은 대체로 양의 값을 갖게 된다.

그렇다면 이런 사실을 알고 있는 모든 기업들은 다른 투자가 아니

10 하나의 혁신투자가 아니라 다수가 이루어진 경우에는 수익률의 범위로서 주어질 수 있다. 그러나 이것은 불확실성을 표현하기 위한 '범위'가 아니라 확정적으로 나타난 값들의 분포를 표현하기 위한 '범위'라는 점에서 사전적 수익률의 확률적 범위와 다른 의미를 갖는다.

라 혁신에만 투자해야 하겠으나 현실에서는 오히려 기업들이 혁신투자를 꺼리고 다른 물적자산이나 금융자산에 투자하는 것이 일반적이다. 언뜻 보기에 모순인 것처럼 보이는 이러한 현상은 첫째, 기업의 의사결정이 사후적인 수익률에 기반하기보다 사전적인 수익률을 기준으로 하고 있고, 둘째, 혁신프로젝트의 특성상 사전적인 수익률이 고도의 불확실성을 내포할 수밖에 없고, 특히 실패가능성이 높다는 점을 고려하면 쉽게 이해할 수 있다. 이 때문에 기업입장에서는 지금까지 많은 혁신투자가 평균적으로 높은 수익률을 보였다는 점을 알고 있음에도 불구하고 지금 당면하고 있는 프로젝트의 높은 실패 가능성 때문에 투자를 꺼리는 것이다.

두 번째 중요한 이슈인 사적 수익률(private rate of return)과 사회적 수익률(social rate of return)은 앞 소절에서도 언급한 바와 같이, 파급효과 때문에 일반적으로 사회적 수익률이 사적 수익률보다 높게 나타난다. 그러나 두 수익률의 격차는 프로젝트나 국가마다 다르고, 그 또한 고정된 것이 아니라 시간에 따라 변화하기 마련이다. 일반적으로 사적인 수익률이 낮아 민간이 자발적으로 투자할 유인이 작지만, 사회적 수익률이 커서 사회 전체적으로는 개발되는 것이 바람직한 기술은 정부가 개입하는 것이 타당하다.[11]

---

11 표준(standard)기술의 예를 생각해보면 사적 수익률과 사회적 수익률의 차이를 쉽게 이해할 수 있다. 표준을 정립하는 것은 개별 기업입장에서 생산비용절감 등 여러 가지 측면에서 중요한 문제이다. 그러나 일단 표준이 제시되고 나면 다른 기업들은 이와 관련된 투자를 전혀 하지 않음에도 불구하고, 표준을 활용하는데 전혀 문제를 느끼지 않는다. 따라서 애써 연구를 해서 바람직한 표준을 먼저 제시해야 할 필요를 느끼지 못하게 되고, 시장은 표준화되지 않은 제품이

혁신투자의 수익률은 개념적으로는 쉽게 정의될 수 있지만, 그 값을 실제로 구하는 것은 생각처럼 쉽지 않다. 그 이유는 첫째, 어디까지를 혁신투자로 보아야 하는지가 명확하지 않기 때문이다. 예를 들어 기업이 연구개발 명목으로 일정 금액을 사용한다고 하더라도 기업 내 다른 인력이나 시설도 간접적으로 활용될 수 있기 때문에 그 비용을 정확히 산정하는 것 자체가 쉽지 않다. 외부에서 지식이 유입될 경우에도 분명 지식투입이 있었던 것이지만 그 비용을 정확히 산정하기 어려운 경우가 있을 수 있다. 또한 혁신투자가 실패했다고 해도, 나중에 그 실패경험을 활용해 성공을 거두었다면, 그 실패한 투자 역시 투입으로 간주할 수 있기 때문에 논란의 소지가 있다.

둘째, 수익의 범위를 정하는 것 자체도 쉽지 않다. 기술혁신이 있었다고 하더라도 제조, 마케팅, 전략 등 여러 가지 요소가 조화롭게 함께할 때 비로소 신상품이 판매되고, 수익이 창출되는 것이기 때문에 그 가운데서 기술혁신의 몫을 찾아내는 것은 쉽지 않다. 뿐만 아니라 하나의 혁신이 여러 제품에서 다른 혁신과 결부되어 복합적으로 활용될 경우에도 특정한 혁신의 기여분을 산정한다는 것은 쉬운 일이 아니다.

---

넘쳐나는 비효율적인 상태가 된다. 그러나 바람직한 표준이 자리를 잡게 되면 사회 전체는 효용을 얻기 때문에 사회적으로는 반드시 필요한 일이다. 따라서 국가는 이러한 표준 문제에 개입하고, 공공자금을 동원하여 연구를 하는 것이 일반적이다. 유럽과 미국 등 기술선진국의 가장 초기 형태 기술정책이 표준관련 연구소를 설립하고 이를 지원하는 것이었다는 점을 되새겨보면 쉽게 이해할 수 있다. 사적 수익률과 사회적 수익률의 비교에 근거한 정부개입의 타당성 문제는 5장을 참조하라.

셋째, 비용과 수익의 발생기간을 산정하는 것 역시 어려운 일이다. 어떤 특허기술은 수십 년을 두고 효과를 발생시키기 때문에 언제까지의 수익을 기준으로 해야 하는지 논란이 있을 수 있다.

산업이나 국가단위에서 수익률을 구하는 경우에는 해당 기술의 직접적인 수요자뿐만 아니라 국가 전체적으로 파급된 효과를 모두 구해야 하는 어려움이 있다. 이를 위해서는 전통적으로 다음과 같은 세 가지 방법이 많이 활용되고 있다(Griliches, 1995). 첫째, 각 기술혁신을 사례별로 면밀하게 추적 조사하여 수익률을 구하는 방법이 있다. 이 방법은 다양한 편익의 종류를 정확히 추적하여 보여줄 수 있기 때문에 가장 정확한 수익률 결과를 보여주는 것으로 여겨진다. 그러나 시간과 비용이 많이 들기 때문에 특수한 몇몇 경우에 대해서만 분석할 수밖에 없고, 따라서 그 결과로부터 연구개발 수익성에 대한 일반화된 결론을 얻기 어려운 단점이 있다.

두 번째 방법은 해당 기술혁신으로부터 유도되었을 것으로 짐작되는 모든 관련분야의 특허 등 혁신결과물의 개수를 헤아려서 효과를 가늠할 수도 있다. 예를 들어, 연구개발자금 1억 원 당 특허건수 등을 표시하는 경우가 이에 해당한다. 이 방법은 특허와 같이 성과물의 분명한 지표가 있을 경우에는 객관적 결과를 얻을 수 있고, 앞서의 사례별 조사와 달리 특허기관 등 제3의 정보제공기관을 이용할 수도 있기 때문에 조사과정이 쉽다는 장점이 있다. 그러나 수익이 화폐단위가 아니라 건수와 같은 물리적 지표로 나타나기 때문에 그 결과를 직관적으로 이해하기가 쉽지 않다는 문제점이 있다.

세 번째는 혁신노력과 경제적 성과 간의 관계를 회귀(regression)분석하여 연구개발자금이 1원 증가할 때 경제적 성과가 얼마나 높아졌는지를 추정계수 형태로 구하는 것이다. 이 방법은 포괄적인 경제적 성과를 사용하기 때문에 구체성이 떨어지는 단점이 있다. 또한 혁신으로 경제적 성과가 좋아졌는지 혹은 경제적 성과가 좋았기 때문에 혁신노력을 많이 할 수 있었던 것인지를 구분하기가 어려운 이른바 내생성의 문제가 있을 수 있다. 그럼에도 불구하고, 혁신의 수익성을 구하는 경제학적 접근법에서 가장 많이 이용되어온 방법이기도 하다.

이런 많은 논란에도 불구하고, 혁신의 수익률을 구하는 것은 개별 기업이나 정부입장에서 혁신투자 의사결정을 할 때 중요한 정보가 될 수 있다.

**| 민간기업 연구개발 투자 수익률의 산정 사례 |**

서중해(2005)는 과학기술부에서 매년 조사하는 '연구개발활동조사보고'의 기업별 원자료(1995~2002년)와 기업재무자료를 활용하여 5,560개의 기업표본을 구성하였다. 이를 이용하여 연구개발투자 수익률을 추정한 결과에 따르면, 산업전체 평균으로 7.7퍼센트, 제조업 평균으로는 10.4퍼센트를 보이는 것으로 나타났다. 같은 기간 회사채 수익률을 기준으로 한 실질이자율이 6.8퍼센트 정도임을 감안한다면, 연구개발투자가 통상적인 자본의 기회비용(이자율)을 상회하고 있다는 것을 알 수 있다. 다만, 이 결과는 앞서 논의한 사후적 수익률에 해당하는 것임을 기억할 필요가 있다.

### 3) 불확실성

기술혁신에는 창출과 활용의 여러 단계에서 많은 불확실성이 있다. 첫째, 유용한 기술의 기초가 되는 과학적 발견의 단계에서 불확실성

(scientific uncertainty)이 있을 수 있다. 둘째, 과학적 원리가 완성되었다고 하더라도 사용목적에 맞추어 공학적 원리에 따라 유용한 제품으로 개발될 수 있는지는 또 다른 문제이다. 이와 관련한 불확실성을 기술적 불확실성(technological uncertainty)이라 한다. 셋째, 과학적, 기술적 불확실성을 극복하고 제품이 완성되었다고 하더라도 궁극적으로 시장에서 받아들여질 수 있는가의 문제는 여전히 남게 된다. 이를 시장적 불확실성(market uncertainty)이라 한다. 휴대폰이나 플라스틱 등 오늘날 우리의 삶 속에 깊이 들어와 있는 많은 제품들은 모두 이런 각 단계의 불확실성을 성공적으로 극복한 사례들이다. 그러나 어떤 단계에서든 불확실성을 극복하지 못하고, 실패하고 만 아이디어들이 수없이 많이 있다.

Stevens and Burley(1997)에 따르면 대체로 3,000개의 아이디어가 125개 정도의 의미 있는 과제로 살아남고, 4개 정도가 개발단계에 들어가며, 그중 절반 정도가 제품으로 등장하고, 1개 정도가 시장에서 성공하는 것으로 나타난다고 한다. 결국 0.034퍼센트의 확률로 성공적인 기술혁신이 탄생하는 셈이다.

혁신의 중요성을 잘 인지하고 있는 기업가라 할지라도 불확실성이 높으면 실제 기술혁신에 투자하는 데 주저하게 된다. 그 결과 기업가들은 기술혁신활동 자체를 회피하고, 확실성 높은 시설투자 등에 나서거나, 혁신을 수행하는 경우에도, 불확실성이 낮은 과제를 선택하게 된다. 따라서 현실적으로 기업연구소에서 수행되는 혁신과제들이 기초원천적인 성격을 띠기보다 응용이나 개발지향적인 성격을 띠고 있는 것은 어찌 보면 자연스러운 경향으로 볼 수 있다.

불확실성은 기술정책에서 많은 시사점을 가지고 있다. 좁은 의미에서 기술정책의 목표가 기술혁신활동을 진작시키는 데 있다면, 불확실성을 어떤 방식으로든 낮추어 기업가들이 혁신활동에 참여할 유인을 높이고, 나아가 불확실성이 크지만 성공했을 때 그 수익도 클 수 있는 분야로 나갈 수 있게 유도할 필요가 있다. 이를 위해 각 단계별 혹은 전체적으로 불확실성 감소를 주요 목표로 하는 정책들이 있을 수 있다. 대학이나 공공연구소 등을 지원하여 불확실성이 큰 기초원천기술 개발에 집중하도록 지원하는 경우나, 시장정보를 제공하는 경우 혹은 정부가 개발된 제품의 구매를 보장하는 경우 등은 과학기술적 불확실성 혹은 시장적 불확실성을 낮추기 위한 다양한 정책사례라 할 수 있다. 또한 산업계와 대학, 공공연구소간의 공동연구를 활성화하는 정책 등도 상호 소통을 원활하게 하여 시스템 전체적으로 불확실성을 낮추는 효과를 가지고 있다.

#### 4) 기술채택의 시간지연(확산)

새로운 기술이나 제품은 개발된 즉시 채택되지 않는다. 대신 시간이 지나면서 먼저 채택하는 사람이 있고, 다른 사람이 채택하는 것을 보고서야 나중에 채택하는 사람이 있기 마련이다. 이와 같이 시간을 두고 혁신이 채택되어가는 과정을 혁신의 확산(diffusion)이라고 부른다. 모든 확산 과정이 동일하지는 않지만, 다음 그림에서와 같이 S자 곡선 모양으로 이루어지는 것이 일반적이다.

[그림 3-2] 기술혁신의 확산곡선

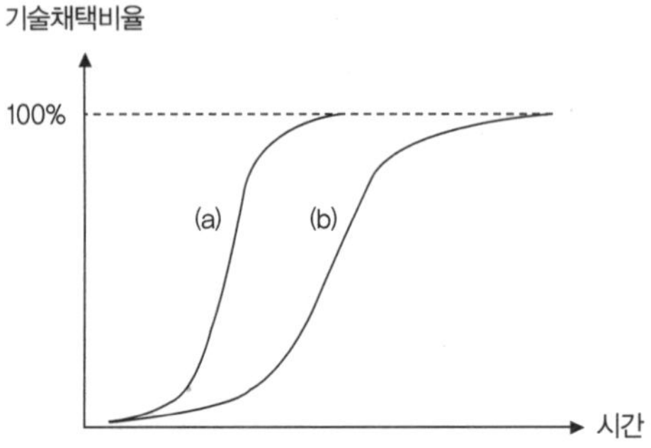


다만, 모든 혁신이 동일한 S자 형태를 따라 확산되는 것이 아니라, 곡선 (a)와 같이 초기에 빨리 확산될 수도 있고, 곡선 (b)와 같이 천천히 확산될 수도 있다. 이러한 확산 속도의 차이는 다음의 몇 가지 혁신적 기술의 사례에서도 잘 볼 수 있다.

[표 3-1] 기술 확산의 속도 차이(5천만 명이 사용하기까지 걸린 시간)

| 라디오 | PC | 텔레비전 | 인터넷(WWW) |
|---|---|---|---|
| 38년 | 16년 | 13년 | 4년 |

출처: Economist(1998)

일반상품과 달리 혁신적인 기술 혹은 그 기술이 포함된 혁신적인 제품이 단번에 모든 사람에게 채택되지 않는 이유는 기술이라는 아이디어 자체가 경험해봐야만 알 수 있는 경우가 많기 때문이다. 이러한 경험을 통해서 첫째 그 기술 및 제품 자체가 가진 장단점을 파악할 수 있게 되고, 둘째 현재 사용자의 시스템과 잘 어울리는지를 파악할 수 있기 때문이다.

어떤 기술적 혁신을 채택할 것인가의 문제는 결국 개별 기업이나 수요자의 의사결정에 달린 문제이지만, 혁신채택에 영향을 미치는 요소가 개별적인 선호 외에도 사회 시스템과도 연관이 있다는 점을 기억할 필요가 있다. 이는 어떤 사회에서는 새로운 기술이 빨리 받아들여지는 반면, 다른 사회에서는 새로운 기술이 사회 전체적으로 확산되는 데 실패하기 때문이다. 예를 들어 전자상거래를 위한 기술적 진보가 이루어졌을 때 이를 빨리 받아들여 서비스부문의 생산성을 급속도로 향상시켜나가는 사회가 있는 반면, 상거래관행이나 조세시스템이 전자상거래를 잘 뒷받침하지 못하는 경우 이런 기술적 진보 자체가 확산되지 못할 수 있다.

확산의 속도가 기술정책적으로 시사하는 바는, 경제의 효율을 높일 것으로 기대되는 바람직한 기술적 진보가 있지만 개별 기업가나 소비자들의 의사결정에 맡겨놓을 때 확산이 지지부진할 것으로 예상되는 경우, 정부가 여러 가지 수단을 통해 개입할 수 있다는 것이다. 예를 들어 정부는 혁신제품을 구매하는 소비자에게 보조금을 지급하거나, 파일럿 프로젝트를 수행하여 모범사례를 보이는 등의 수단을 동원할 수 있다.

## 3-2 시장구조와 혁신투자의 유인

### 1) 독점적 환경에서의 혁신유인

독점을 누리고 있는 기업과 치열한 경쟁상황에 직면한 기업 중 혁신에 대한 관심과 투자가 많은 기업은 어떤 기업일까? 이 질문은 기술혁신에 대한 학문적 관심이 시작된 이래 오랫동안 논쟁의 대상이 되어왔다.

우선 현재 독점적 지위를 누리고 있는 기업, 특히 규모가 큰 기업이 혁신에 더욱 많은 투자를 할 것이라는 주장은 슘페터 이래 많은 연구자들이 주장해왔다.[12] 그 논리적 근거는 기술이 끊임없이 변화하는 환경에서 현재의 독점이 항구적으로 보장되지 않는다는 데 있다. 즉, 경쟁자들이 비용과 성능의 측면에서 끊임없이 노력하고 있기 때문에, 독점자 역시 현재의 독점적 지위를 잃지 않기 위해서는 끊임없이 혁신을 하지 않으면 안 된다. 따라서 현재 독점지위를 누리고 있는 기업일수록 그것을 지키기 위해 더욱 혁신에 매진해야 할 필요성을 느낀다고 할 수 있다.[13] 이러한 환경에서 현재의 독점적 이윤은 혁신에 투자할 수 있는 자원으로서 중요한 역할을 한다. 반대로 현재 독점적 이

---

12 이를 슘페터의 후기 주장, 즉 슘페터 마크 II(Schumpeter Mark II)라고 한다. 초기의 슘페터는 새로운 아이디어로 기존 질서에 도전하는 혁신가의 역할을 강조하였으며, 이를 슘페터 마크 I(Schumpeter Mark I)라고 한다.

13 이 논의의 전제로서 현재의 독점적 시장이 제도나 지리적인 이유로 진입이 차단되어 있지 않아야 한다. 만약 진입이 차단되어 있다면 현재의 독점자는 잠재적인 진입자로부터 압력을 느낄 이유가 없고, 단지 독점적 지대만을 향유하고자 할 것이다.

윤을 누리지 못하고 있는 기업은 혁신에 투자할 자원이 근본적으로 부족하기 있기 때문에 혁신을 하려고 해도 독점이윤을 향유하고 있는 기업에 비하여 불리할 수밖에 없다.

이러한 주장에 힘을 더해주는 정황으로 20세기 산업사회가 본격화된 이후 기술혁신에 투자되는 규모가 날로 커지고 있고, 혁신을 수행하기 위해서 조직화된 대규모 연구조직이 필요해지고 있다는 사실을 들 수 있다. 반도체 개발이나 철강기술 개발 혹은 신약 개발 등의 경우를 생각해보면, 기술혁신 아이디어를 시험하고 적용해보는 데만 해도 막대한 투자비가 소요되기 때문에 충분한 이윤이 확보되어 있지 않은 기업은 혁신활동 자체에 쉽게 뛰어들 수 없다는 점을 쉽게 짐작할 수 있다. 따라서 기술혁신 활동 자체에 '규모의 경제'가 있기 때문에 독점적 이윤을 확보하고 있는 대기업이 아니면 혁신에 대한 투자 자체를 결정하기가 쉽지 않다.

혁신의 경로의존성(path dependency) 또한 기존 독점기업의 우위를 보장하는 요소가 될 수 있다. 한 번 혁신이 일어나고 나면 다음번 혁신은 대체로 기존 혁신에 기반하여 이루어지기 때문에, 이전 단계 혁신에 참여하지 못했던 일반 기업들이 중간단계에서 혁신경로(trajectory)에 뛰어들어 새로운 것을 만들어내기가 쉽지 않다. 이는 독점적 기업들이 여러 후속 혁신들이 이루어질 수 있는 '지배적 디자인(dominant design)'과 '플랫폼(platform)'을 장악하고 있기 때문이다. 마이크로소프트의 윈도우즈 운영체제를 다른 체제로 바꾸는 것이 가능할지를 상상해보면 기존 플랫폼을 장악하고 있는 기술에 도전하는 것이 얼마나 어려운지 짐작할 수 있을 것이다. 따라서 일단 하나의 혁신경로에서 독점적 지위를 확보한 기업은 이어지는 후속 혁신에서도 유리한 입지를 차지하는 것이 일반적이다.

**| 타이콤과 K-DOS의 실패 |**

""1991년은 '정보기술(IT) 독립'을 선언한 해였습니다. 국책 연구프로젝트로 추진된 국산 중형 컴퓨터 '타이콤'과 한국형 PC 운영체제(OS) 'K-DOS'가 발표됐거든요. IT산업에서 핵심이었던 중형컴퓨터와 PC 운영체제는 그 이전까지 해외에 100퍼센트 의존하던 시절이었습니다." 지난달 23일 서울 삼성동의 한국RFID(무선바코드)협회에서 만난 현오중 전문위원(옛 한국컴퓨터연구조합 사무국장). 그는 "당시 삼성 · 금성 등 참가업체들은 IBM이나 MS와 어깨를 겨룬 자부심에 뿌듯했다"고 회상했다. 과학기술처(현 과학기술부) 산하였던 연구조합은 국책 프로젝트에 참여한 민간 기업들을 관리했다. 정부와 민간 기업이 기술 자립을 위해 똘똘 뭉쳐 추진했던 타이콤과 K-DOS 사업은 그러나 실패했다. 94년을 끝으로 타이콤은 행정전산용으로, K-DOS는 초등학교 교육용 PC로 일부 깔리는 수준에서 생명을 다했다. 그나마 지금은 모두 철거됐다. 미국의 통상 압력에다 IBM · MS의 기술혁신을 따라가지 못해 보급단계에서 경쟁력을 잃어서다. 현 위원은 개인 자료실로 가더니 먼지가 뽀얗게 쌓인 보고서들에서 두 권의 책을 꺼냈다. 『타이콤 백서』와 『K-DOS설명서』 였다. 그리고 잉크가 누렇게 번진 전화번호 수첩에서 그때 담당자들의 연락처를 적어 주었다. 기자는 그들을 찾아 조각난 퍼즐들을 맞춰 나갔다. 이들은 두 프로젝트의 실패를 인정하면서도 IT 강국의 기반을 다진 성과를 높게 평가했다.

IBM을 겨냥한 타이콤: 타이콤 프로젝트는 공공기관용 중형 컴퓨터(주전산기)를 개발하는 사업이었다. 한국전자통신연구원(ETRI)과 삼성전자 · 금성사(현 LG전자) · 현대전자(매각) · 대우통신(매각) 등 4대 기업이 공동 개발기관으로 참여했다. 현 위원은 "4개사에서 각각 50명 등 200여 명이 대전의 ETRI로 모였다"고 설명했다. 당시 오길록 ETRI 개발사업단장과 김건중 삼성 상무, 김진찬 대우 전무 등이 주축이었다. 타이콤은 IBM · NEC 등 외국 업체들의 냉소에도 불구하고 91년 7월 개발이 끝났다. 박봉기 현등시스템 사장(금성사 이사)은 "그해 말 정부 및 관련업계 고위 인사와 언론 기자들이 모인 가운데 공식 발표행사가 화려하게 열렸다"고 회고했다. 타이콤은 94년까지 249대가 행정기관에 깔렸다. 그 과정에서 첨단 기술 확보와 우수 인력 육성이 이뤄졌다. 그린벨의 김 사장은 "그 이전엔 공공기관이 외국에서 컴퓨터를 도입할 때 담당자는 '눈 뜬 장님'이었다"며 "구입에서 설치, AS까지 손 하나 못 대고 외국 업체에 맡겼다"고 얘기했다. 그러나 타이콤 개발로 300명 이상의 우수 인재가 나왔고, 이후 매년 200명씩 컴퓨터 인력이 배출됐다. 또 외국 전산망 컴퓨터에 문제가 생길 때 웬만한 AS는 타이콤 개발자들이 해결했다.

MS-DOS의 대항마 K-DOS : 타이콤이 국가 정보화사업이라면 K-DOS는 국민 정보화 프로젝트였다. 현 위원은 "전산망 조정위에서 국민에게 값싼 PC를 만들어 보급하는 방안을 연구하다 K-DOS 프로젝트가 나왔다"고 말했다. 당시 컴퓨터 제조업체들이 '국민 보급형 PC'(16비트)를 만들려다 보니 제조원가 비중이 크면서도 대체할 수 있는 부분이 운영체제였다. 특히 MS는 OS(MS-DOS)를 독점 공급하면서 비싸게 팔았다. 89년 삼성 · 금성 · 현대 · 대우 등 대기업에 중견업체들까지 참여해 개발이 시작됐다. 서울 마포의 한국컴퓨터 사무실에서 9개사 30여 명이 모였다. 당시 한국컴퓨터연구조합 국민PC분과 위원장이었던 김태영씨는 "5만 줄의 프로그램 내용을 일일이 분석하고, MS에 제소당하지 않으려고 법적 장치도 마련했다"고 회고했다. 91년 말 한국컴퓨터 연구조합은 'K-DOS' 프로그램이 담긴 디스켓과 사용설명서 책자를 내놓았다. 처음엔 국산 PC 운영체제 개발보다 MS-DOS 가격을 떨어뜨리려는 속셈이 더 컸다고 했다."

출처 : 중앙일보(2005. 9. 7.)

## 2) 경쟁적 환경에서의 혁신유인

독점기업의 혁신유인이 클 것이라는 앞선 소절의 주장과 달리 모두가 치열하게 경쟁하고 있는 환경에서 더욱 혁신에 대한 욕구가 클 것이라는 주장도 있다. 경쟁적인 상황에서 어느 기업이 혁신에 성공하여 독점적 지위를 가지게 되면, 다른 경쟁자들을 모두 물리치고 시장 전체를 차지할 수 있게 되기 때문에, 그 혜택이 커서 혁신에 투자하고자 하는 유인이 더 클 것이라는 주장이다. Arrow(1962)는 다음과 같은 간단한 그림을 통해 경쟁적 환경에서의 혁신유인이 독점적 환경에서보다 더 클 것이라고 주장한 바 있다.

[그림 3-3] 독점과 경쟁 환경에서의 혁신유인

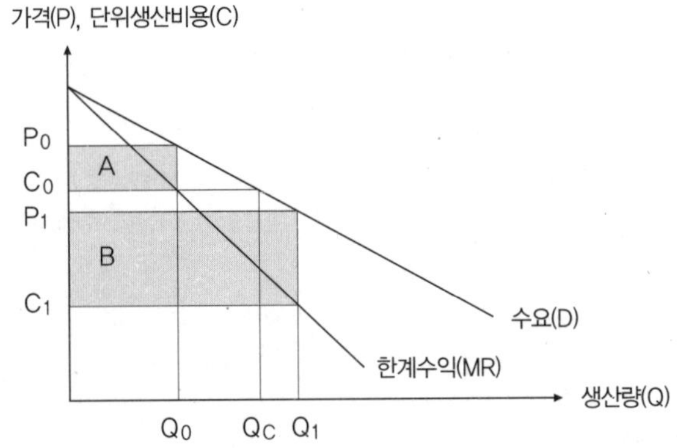


그림에서 혁신이전의 단위생산비용이 $C_0$라고 하면, 독점기업은 이윤극대화 가정[14]에 따라 $P_0$로 가격을 책정하여 $Q_0$만큼의 양을 생산하고, A로 표시된 만큼의 이윤을 얻게 된다. 반면 경쟁기업은 역시 이윤극대화 가정에 따라 $Q_C$만큼을 생산하고, 가격은 $P = C_0$로 책정하며,

14 독점기업의 이윤극대화 가정은 한계수익(MR)과 한계비용(MC)이 일치하는 점에서 생산량과 가격을 책정하는 것이다. 이 경우 한계비용이 수평선으로 표시된 단위생산비용과 같다. 반면 경쟁기업의 이윤극대화 가정은 수요곡선(D)과 한계비용(MC)이 일치하는 점에서 생산량과 가격을 책정하는 것이다.

이윤은 0이 된다.

먼저 독점기업의 혁신유인을 살펴보기 위해 비용을 절감하는 형태의 혁신이 이루어지고, 그 결과 독점기업의 단위생산비용이 $C_0$에서 $C_1$으로 낮아졌다고 가정하자. 그러나 혁신 전과 후 모두에서 여전히 독점기업이기 때문에 동일한 독점기업의 이윤극대화 가정을 따르게 되고, 이에 따라 $Q_1$과 $P_1$에서 생산량과 가격을 결정하게 된다. 혁신 후의 독점이윤은 그림에서의 B와 같이 표현된다. 따라서 독점기업은 혁신으로 인하여 B-A의 차이만큼 추가적인 이득을 가지게 된다.

반면 경쟁 환경에 놓인 기업이 역시 동일한 생산비용 절감 혁신을 이룩했다고 하면, 혁신 이후 독점적인 기업으로 변할 것이기 때문에 독점기업의 이윤극대화가정에 따라 B만큼의 이윤을 가지게 된다. 그러므로 독점기업으로 전환됨으로써 경쟁기업의 이윤은 B-0 즉 B 그 자체가 된다.

독점기업과 경쟁기업 중 어느 쪽이 혁신의 유인을 더 크게 느낄 것인가의 문제는 B-A와 B 중 어느 쪽이 클 것인가를 비교해보면 쉽게 알 수 있다. 위 그림에서 나타낸 것과 같은 상황에서라면 경쟁기업의 추가적인 이득, B가 독점기업의 추가적인 이득인 B-A보다 더 크다. 이러한 간단한 논리에 따라 애로우는 경쟁기업이 일반적으로 혁신의 유인을 더 크게 느끼게 된다고 주장했다.

경쟁적 환경에서 혁신이 왕성하게 일어나는 현상은 최근 정보통신 분야에서 매일같이 발표되고 있는 신기술을 살펴보면 쉽게 확인할 수 있다. 이러한 신기술들은 모두 주변의 경쟁자를 일거에 제압하고 독점자의 위치로 올라서고자 하는 욕구에서 유발하는 것이다.

### 3) 산업의 기술특성과 혁신 사이클에 의한 종합

독점기업이 더 큰 혁신의 유인을 가진다는 슘페터의 후기주장(Schumpeter Mark II)이나 그 반대로 경쟁기업이 더 혁신을 많이 할 수밖에 없을 것이라는 애로우의 주장은 모두 나름대로의 근거가 있지만 반론도 있다. 우선 슘페터 초기 주장에 대해서는 독점기업이 대체로 독점이윤을 향유하면서, 현재의 지위에 만족하고자 하는 조직적, 문화적 속성이 강하기 때문에 스스로 혁신에 나서기가 쉽지 않다는 반론이 있을 수 있다. 한편 애로우의 주장에 대해서는 정태적 균형의 관점만을 취하고, 동태적인 혁신의 성과는 논의하고 있지 않다는 논리적 관점에서의 비판이 있을 수 있다.

산업구조와 혁신유인 간의 관계에 대한 위의 두 가지 극단적인 논리는 산업의 기술특성(technological regime)과 혁신 사이클(innovation cycle)이라는 관점에서 종합이 가능하다.[15] 산업의 기술특성은 과학적 논리가 지배하는 지식집약적인 산업(지식집약형 산업)과, 그 반대편에 자본의 논리가 지배하고 규모의 경제에 의존하는 산업(자본집약형 산업)을 비교해보면 쉽게 이해할 수 있다. 정보통신이나 바이오산업 등 지식집약형 산업에서는 탁월한 기업가가 중심이 된 작은 규모의 기업이 새로운 지식을 개발하거나 채택하는 데 유리한 면이 있다. 반면 철강, 반도체 등 자본집약형 산업에서는 충분한 자본을 장기간 동원할 수 있는 대기업이 혁신에 유리한 면이 있다.

한편, 혁신 사이클이란 개념은 하나의 큰 혁신이 초기 발현단계

---

15 산업의 기술특성과 혁신 사이클의 개념을 이용한 실증분석의 사례는 Audretch(1995)와 Dijk(2002)를 참조할 수 있다.

(emerging stage), 성장단계(growing stage), 성숙단계(mature stage), 쇠퇴단계(deceasing stage)를 겪게 된다는 점을 이야기한다. 쇠퇴의 단계에서 돌파구가 될 혁신적 아이디어가 등장하면서 새로운 사이클이 시작되기 때문에 사이클은 중첩되면서 연속된다. 이를 그림으로 간략히 제시하면 다음과 같다.

**[그림 3-4] 혁신 사이클**

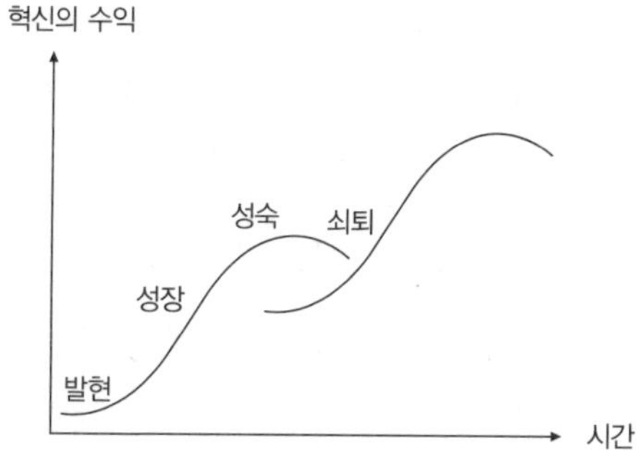


혁신 사이클 논의가 산업구조적 관점에서 주는 시사점은 첫째 혁신이 발현되는 단계(emerging stage)에서는 아직 어느 것이 산업을 주도할 표준이 될지 모르기 때문에 규모에 상관없이 많은 기업들이 나름의 혁신적 아이디어를 가지고 경쟁한다. 그러나 성장, 성숙 단계에 들어서면 산업표준이 어느 정도 자리 잡히면서 표준화된 제품을 값싸게 만드는 것이 중요하게 되기 때문에 표준을 주도하는 대기업이 혁신을 주도하게 된다. 그러나 쇠퇴기에 들어서 새로운 사이클이 시작될 무렵에는 다시 혁신 아이디어의 경쟁이 시작되는데, 특히 기존의 사업관행으로부터 자유로울 수 있는 소규모 기업들이 혁신에 유리하다고 할 수 있다.

이상의 논의는 모든 산업과 모든 단계에 걸쳐 대기업 혹은 소규모 기업이 일방적으로 혁신에 유리한 환경이란 있을 수 없고, 경우에 따라 다를 것임을 시사한다. 대체로 혁신 사이클 초기의 지식집약적 산업에서는 탁월한 혁신가의 아이디어가 숨 쉬는 작은 규모의 벤처기업들이 혁신에 유리한 경향이 있다. 반면, 혁신이 성숙기에 들어서고 자본의 논리가 지배하는 산업에서는 조직적 혁신그룹에 의한 한계적 혁신(marginal innovation)이 우세하게 되고, 따라서 충분한 자본력과 내부지식을 축적하고 있는 대기업이 유리한 경향이 있다. 이상의 논의를 종합하여 그림으로 간단히 나타내면 다음과 같다.

**[그림 3-5] 산업의 기술특성과 혁신사이클에 따른 혁신주도그룹의 차이**

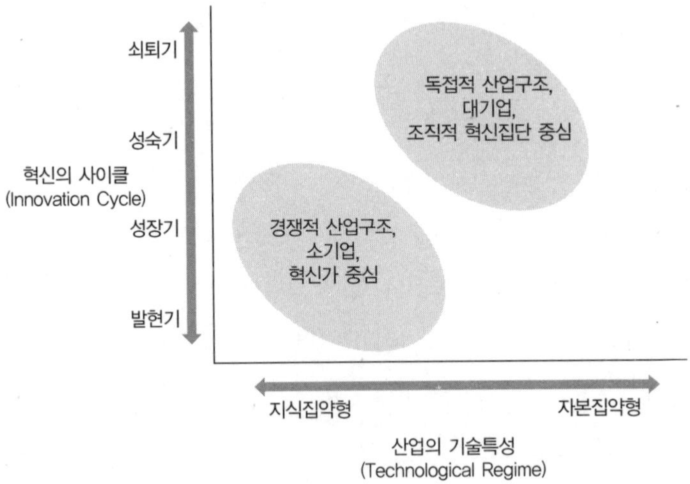

시장구조와 혁신의 관계에 대한 논의는 기술정책적 관점에서, 특히 경쟁정책과 관련하여 중요한 시사점을 제공한다. 가령 예를 들어 현재 혁신을 진작시키고자 관심을 두고 있는 대상산업에서 독점적 구조의 대기업체제가 혁신에 유리한 것으로 판단될 경우 인위적인 경쟁유도정책은 오히려 혁신을 저해하여 산업 자체의 기술발전을 저해할 수 있다. 반대로 경쟁적 구도가 혁신의 유인을 더 크게 할 것으로 판단되면, 다양한 정책적 수단을 통해 산업을 더욱 경쟁적으로 만드는 것이 혁신을 왕성하게 하는 데 기여할 수 있다.

**미국 통신산업의 독점해체와 통신기술의 발전**

미국의 통신산업은 발전초기부터 AT&T라는 독점기업에 의해 주도되어 왔다. 이는 통신산업이 대표적인 네트워크 산업으로서 자연독점(natural monopoly)의 성격이 강한 것으로 상정되어 왔기 때문이다. 따라서 다수의 기업이 경쟁하게 되면 공급 비용이 높아지고, 사회후생이 낮아질 수밖에 없기 때문에 AT&T에 의한 독점이 정당화되어왔다. 그러나 자연독점적 요소를 완화시킬 기술발전이 속속 이루어지고, 통신 산업에 참여하고자 하는 잠재적 진입자들이 지속적으로 문제를 제기함으로써 1980년대 들어 AT&T의 독점이 해체되기에 이르렀다. 이에 따라 많은 수의 기업들이 새로운 기술과 비즈니스 모델을 바탕으로 시장에 진입하기 시작했다. 통신관련 시장이 급속도로 경쟁적으로 변해갔고, 혁신적 아이디어에 기반한 기업가적 실험이 날로 왕성해졌다. 이 와중에 인터넷이라는 새로운 기반기술은 이러한 기업가적 실험에 날개를 달아준 셈이 되었다. 90년대 중반 이후 정보통신산업의 급속한 발전으로부터 유도된 미국의 신경제(New Economy)는 AT&T의 해체에서 시작되었다는 주장이 전혀 근거 없는 것은 아니다.

## 3-3 기술혁신 모형

기술은 새로운 아이디어에서 출발해서 제품에 적용되고, 시장에서 판매되어 수익을 창출하는 과정을 거친다. 이러한 과정을 기술혁신의 과정이라 한다. 기술혁신활동을 진작하거나 특정한 방향으로 유도하고자 한다면 우선 혁신이 어떤 양식에 따라 이루어지는지를 이해해야 한다. 기술혁신의 과정을 바라보는 관점을 크게 나누어보면 대표적으로 선형모형(linear model), 연계모형(linkage model), 시스템 모형(system model) 등을 생각할 수 있다. 이 각각의 관점에 따라 개별 기업의 혁신전략과 정부의 정책이 다르게 구성될 수 있다.

### 1) 선형모형

기초연구-응용연구-개발연구-상품화연구-시장연구로 이어지는 일련의 사슬을 따라 기술혁신이 이루어진다는 개념의 틀이 혁신의 선형모형이다. 기초연구는 과학적 원리를 탐색하는 것을 의미하고, 응용연구는 과학적 원리를 기술적 문제해결에 적용하는 것을 의미한다. 개발연구는 실험실에서 확인된 응용연구의 결과를 실제 제품생산현장에서 구현하기 위해 각종 공학적인 문제를 해결해나가는 단계를 의미한다. 상품화연구는 소비자의 니즈에 기반하여 상품의 각종 속성을 조합하거나 디자인을 만들어내는 과정을 의미하고, 시장연구는 상품을 판매하기 위하여 시장 요구를 체계적으로 파악하여 전략을 수립하는 데 필요한 탐색활동을 일컫는다.

선형혁신모형은 하나의 단계가 종료되고 나서 다음 단계가 시작된다는 인식에 기초하고 있다. 그러나 그 연결 방향에 따라 새로운 기술혁신이 우선 과학기술적 아이디어로부터 출발한다는 기술주도(technology-push)견해와 시장니즈로부터 출발한다는 시장견인(demand-pull)견해가 있을 수 있다. 대체적으로 기초연구에서부터 출발하여 시장에까지 이른다고 보는 견해가 일반적이다.

[그림 3-6] 기술혁신의 선형모형

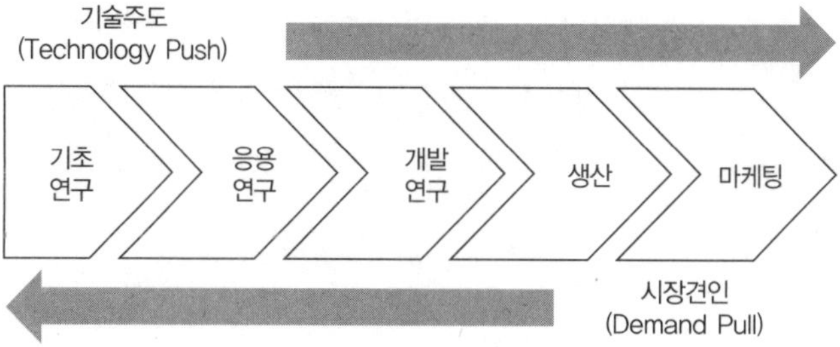


선형모형에서는 각 단계별 선후관계가 인과관계처럼 연결되어 있기 때문에, 뒷단계의 성과를 얻기 위해서는 앞 단계의 성과가 전제되어야 한다. 또한 기초연구에서부터 상품화연구까지의 각 단계별로 성공과 실패를 결정하는 많은 불확실성들이 있기 때문에 각 단계를 넘어갈 때마다 살아남는 혁신아이디어의 개수는 줄어들 수밖에 없다. 앞서 혁신의 불확실성 개념을 소개하면서 언급한 3000대 1의 성공확률도 이러한 단계별 위험을 보여주는 좋은 사례라 할 것이다.

혁신의 단계가 위와 같이 한 방향으로 늘어서 있다고 전제한다면, 전략적으로 앞단계의 혁신활동을 활발히 지원해야 뒷단계의 혁신성과를 기대할 수 있을 것이라는 결론에 자연스럽게 도달한다. 단적인 예로 선진국들이 기초과학에 과감한 투자를 아끼지 않는 이유는 왕성한 기초과학 성과가 산업계에 널리 공급될 때 응용 및 개발 연구 성과가 많아질 수 있다고 전제하고 있기 때문이다.

### 2) 연계모형

기술혁신의 선형모형이 단계별 선후관계를 염두에 두고 있다면, 연계모형은 기초과학지식, 응용 및 개발지식, 시장정보 등이 상호 앞뒤로 영향을 주고받으면서 혁신이 발현되어 나간다고 주장한다. 연계모형에 의하면, 하나의 성공적 혁신이 탄생하기까지 일련의 단계를 순차적으로 밟아가는 것이 아니라 단계별 발전과 피드백이 복잡하게 얽히면서 혁신이 이루어지는 것으로 이해된다.

**[그림 3-7] 기술혁신의 연계모형**

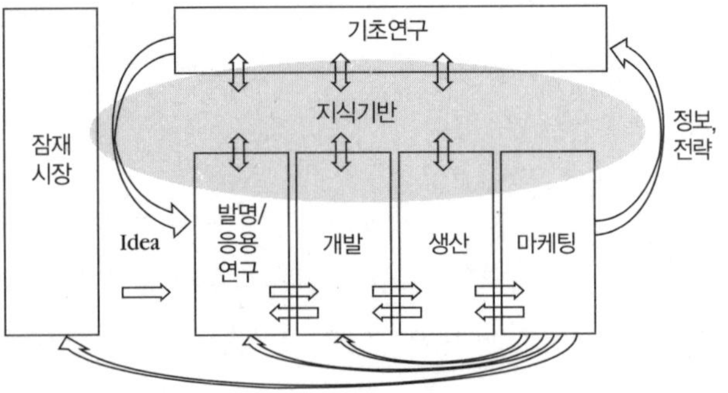


참고: Kline and Rosenberg (1986)

예를 들어 새로운 기초과학적 발견을 이용하여 응용연구에 돌입했으나, 추가적인 과학적 연구가 필요함을 깨닫게 되면 기초연구가 다시 시작될 수도 있다. 또한 시장진입단계까지 이르렀음에도 불구하고, 소비자 니즈의 변화에 따라 일부 개발연구를 추가해야 할 경우도 생길 수 있다. 이러한 단계별 전후 피드백 과정을 수없이 겪으면서 혁신이 생긴다는 관점은 다소 복잡하기는 하지만 앞서 선형모형보다는 현실에 좀 더 가까운 설명이다.

혁신의 연계모형에 따르면 기초연구를 지원하여 많은 과학적 성과를 쏟아내는 것이 응용개발연구에서의 더 많은 성과를 보장하지 않는다. 오히려 여러 단계 간 정보의 원활한 공유와 연계활동이 혁신을 진작하기 위한 핵심이 된다고 할 수 있다.

### 3) 시스템모형

기술혁신은 한 천재적 발명가에 의해 실험실에서 탄생하는 것이 아니라 다른 모든 사회현상과 마찬가지로, 사회적 체제 속에서 선택되고, 육성된다는 관점이 혁신의 시스템모형이다. 여기서 혁신의 시스템이란 '혁신적 아이디어의 개발, 확산, 활용과 관련된 모든 경제적, 사회적, 조직적 관행을 포함한 제요소의 집합'으로 정의된다(Edquist, 2004). 시스템적 관점을 취하게 되면 기술혁신을 과학기술자들만의 일이 아니라 사회의 모든 요소들이 함께 작용하는 현상으로서 이해할 수 있게 된다.

혁신시스템에는 혁신을 주도하는 주체(actors)와 이들 주체 간의 연계(linkages), 지식의 하부구조(infrastructure), 그리고 이들이 각각 행동하는 제도적 규칙(institution)이 있다. 이에 따르면, 기업이나, 대학, 연구소 등의 주체가 혁신의 한 아이디어를 만들어낸다고 할 때 연계망을 통해 서로 영향을 주고받고, 제도와 상호 작용하면서 최초의 아이디어가 발전하기도 하고, 소멸하기도 한다.

연계모형 또한 다양한 피드백 관계를 고려하고 있으나 시스템 모형은 혁신과 관련될 수 있는 모든 주체 및 제도적 환경과의 연계를 포괄적으로 고려하고 있기 때문에 실제의 복잡한 혁신과정을 좀 더 현실성 있게 표현할 수 있다. 혁신과정에 대한 이해가 깊어지면서 오늘날 많은 기술정책들이 이와 같은 혁신시스템 모형에 근거하고 있다. 혁신시스템의 구성과 역사적 전개과정, 그리고 현실적 유용성과 한계에 대해서는 다음 장에서 상세히 다루기로 한다.

## 토론 주제

1. 신문에서 최근의 기술혁신 사례를 하나 찾아보자. 그 사례로부터 외부 파급효과 등 기술이 가진 공공재적 속성을 발견할 수 있는지 살펴보고, 서로 비교해보자.

2. 개별 기업 입장에서는 기술의 외부 파급효과를 최대한 억제하는 것이 바람직하다. 왜 그런지 토론해보자. 또 파급효과를 막기 위해 기업이 쓸 수 있는 전략에는 어떠한 것들이 있는지 생각해보자.

3. 특허제도가 지식의 파급효과와 관련하여 어떠한 영향을 미치는지에 대해 토론해보자.

4. 기술혁신의 과정을 이해하기 위한 여러 가지 대안적 모형에 대해 각각의 장단점을 사례를 들어 설명해보자.

5. 기술개발로 인한 수익성이 얼마나 되는지를 평가한 국내외 사례를 찾아보자. 분야별로, 국가별로, 기업별로 차이가 난다면 그 원인에 대해 토론해보자.

6. 벤처기업과 대기업이 각각 중심이 되어 성공시킨 기술혁신의 사례를 하나씩 찾아보고, 해당 기술들이 속한 산업분야의 기술적 특징 및 단계별 특성과 연관지어 성공요인을 해석해보자.

# 4 기술혁신시스템

혁신활동에 많은 투자를 하기만 하면 언젠가는 기대하는 성과를 거둘 것이라는 단순한 믿음과 달리 기술혁신이 복잡한 사회적 제도 속에서 여러 주체들 간의 상호 연계를 바탕으로 이루어진다는 개념적 인식과 실증적 증거가 그간 축적되어왔다. 혁신과정에 대한 이러한 새로운 인식은 기술혁신시스템이라는 이름으로 자리 잡게 되었다. 현재 많은 국가의 기술정책이 기술혁신시스템의 개념 아래 다시 재검토되고 있고, 실제로 정책적 방향의 전환이 이루어지고 있는 중이다.

본 장에서는 기술혁신시스템을 구성하는 사고의 핵심 키워드를 살펴보고, 다양한 적용범위에 따른 여러 혁신시스템의 종류와 기술정책적 시사점을 살펴본다.

## 4-1 혁신시스템적 사고의 역사적 전개

혁신시스템 이론은 혁신의 전개 과정이 단순히 과학기술적 진보로만 발전되는 것이 아니라 제반 사회적 제도들과의 긴밀한 상호 관계를 통해 형성되는 것이라는 포괄적 인식에 기초하여 발전하기 시작하였다.

Freeman(1987), Lundvall(1992), Nelson(1993) 등은 혁신시스템, 혹은 좁게는 국가혁신시스템(NIS: National Innovation System)이라는 개념에 근거하여 국가별로 혁신의 주체, 그들 간의 연계, 그리고 유형적, 무형적 하부구조가 다르기 때문에 혁신의 아이디어가 형성, 전파, 흡수되는 과정 및 성과가 다르다는 점을 설득력 있게 제시하였다. 특히 Freeman(1987)은 일본의 사례를 통해 국가별로 차별적 제도 관행에 따라 혁신의 과정 자체가 달라질 수 있음을 보인 바 있다. 이들의 연구에 힘입어 혁신시스템 이론은 특히 국가단위의 기술정책을 설명하고, 체계화하는 이론으로서 널리 알려지게 되었다.

혁신시스템이론과 이에 기반한 혁신정책의 국제적 확산은 OECD의 노력에 힘입은 바 크다(Lundvall and Borras, 2005). OECD는 창설 이래 기술발전이 경제성장의 근본적 동인이라는 사실에 주목하여 혁신의 과정을 이해하고, 더욱 촉진하기 위하여 기술정책의 성공사례를 발굴하고, 일반화하는 노력을 지속적으로 기울여왔다. 특히 1997년의 '국가 혁신시스템(National Innovation Systems)'이라는 보고서와 1999년에 발표한 '국가 혁신시스템의 관리(Managing National Innovation Systems)' 보고서를 통해 혁신의 과정을 기술주도(technology-push)나 시장주도(market-pull)의 단방향적 관점이 아니라 기술과 제도가 상호작용하는(interactive) 과정으로 파악할 것을 주장했다.

OECD뿐만 아니라 많은 혁신 연구자들이 시스템적 이해를 받아들이면서 활발하게 연구하기 시작했고, 한국의 경우에도 여러 연구 집단에서 혁신시스템에 관한 다양한 연구를 수행하고 있다.

이론적으로 볼 때 혁신시스템적 사고는 진화경제학(evolutionary economics)과 제도경제학(institutional economics)에서 영향을 받은 바 크다. 이 두 사고 모두 혁신을 이해하기 위한 기존 정통경제학(main-stream economics), 특히 신고전학파경제학(neo-classical economics)의 틀에 대해 문제제기를 하고 있다. 가장 중요한 논점은 경제주체가 행동을 해나갈 때 모든 대안을 주도면밀하게 살펴본 후 최적행동을 결정해나간다는 최적화원리(optimization principle)에 대한 것이다. 신고전파경제학이 기업의 이윤극대화, 비용최소화, 생산극대화 등의 최적화 원리에 근거하여 이론을 펴 나가가고 있다면, 진화경제학이나 제도경제학은 이러한 최적화 원리가 현실에서 성립하지 않으며 대신 여러 환경적 요소, 특히 제도적 환경과의 상호 영향 아래 제한적인 합리성을 가지고 진화적으로 의사결정이 이루어진다고 본다.

이러한 관점의 차이는 특히 기술혁신의 문제에서 두드러지게 나타나고 있다. 그 이유는 첫째, 기술혁신이 다른 경제적 활동과 달리 고도의 불확실성을 안고 있기 때문에 최적화 원리가 적용되기 더욱 어렵고, 둘째, 특히 기술발전의 경우에 제도와 상호 영향을 주고받은 사례가 많기 때문이다.

## 4-2 혁신시스템적 사고의 키워드

혁신시스템적 사고를 이해하기 위해서는 루틴(routine), 경로의존성(path dependency)과 기술궤적(technological trajectory), 다양성과 선택(variety creation and selection) 등의 개념을 이해하는 것이 중요하다.

### 1) 루틴(routine)

루틴은 진화경제학을 주창한 Nelson and Winter(1982)에 의해 정치화된 개념으로서 '문제를 인식하고, 해결해나가는 정형화된 방식'을 의미한다. 개인과 조직의 매순간 선택행위들은 모두 루틴에 기반하고 있다고 볼 수 있다. 가령 컴퓨터가 갑자기 작동되지 않을 때 컴퓨터에 대해 많은 지식과 경험이 있는 사람과 전혀 접해보지 못한 사람이 사태에 대처하는 정형화된 행동방식이 다르다는 것은 쉽게 예상할 수 있다. 조직도 마찬가지여서 경쟁기업이 혁신적인 기술제품을 발표했을 때 이를 해석하고 대응 전략을 만들어가는 과정이 기업마다 다를 수밖에 없다.

이러한 루틴이 존재하는 이유는 인간이 무수히 많은 선택 가능한 대안을 모두 다 비교하는 것 자체가 현실적으로 불가능하고, 제한된 수의 대안이라 하더라도 모든 측면을 꼼꼼히 따져 비교할 만큼 합리적이지 않기 때문이다. 이를 제한적 합리성(bounded rationality)이라 한다. 제한적 합리성을 지닌 인간은 어떤 문제에 당면하여 빠르게 문제를 해결하기 위해 보통 휴리스틱(heuristic)에 의해 문제를 해결하는데, 이러한 휴리스틱의 집합, 즉 행동준칙의 모임이 루틴이다. 확장된 인간이라 할 수 있는 조직 역시 문제를 식별하고, 해법을 검색하며, 실행하는 전 과정에서 나름의 루틴을 따른다. 이러한 루틴은 역사적 과정으로부터 형성되는데, 가령 개인의 경우 교육이나 경험으로부터, 조직의 경우 구성원의 경험이나 기존에 형성된 매뉴얼, 선포된 비전 등에 지배된다. 또한 루틴은 주위 제도적 환경과의 관계 속에서 생명력을 갖고 스스로 변화해나간다.

루틴은 조직의 여러 수준에서 다양한 형태로 존재하는데, 그 가운데 가장 중요한 루틴은 혁신에 관한 것이다. 혁신이 필요하다고 인식하고, 혁신의 방향을 설정하며, 아이디어를 검색하거나 도출하고, 실험하는 일련의 과정이 모두 혁신과 관련된 루틴의 지배를 받는다. 심지어 혁신과 관련한 루틴 자체를 수정해나가기 위한 루틴도 있다.

루틴은 한 번 자리를 잡게 되면, 쉽게 바뀌지 않는 특성이 있다. 루틴의 목적은 당면한 문제를 해결할 때 시간과 노력을 절감하는 것인데, 다른 루틴을 찾고 바꾸는 데는 상당한 노력이 필요하기 때문이다.[16] 따라서 기업이나 국가가 끊임없이 혁신할 수 있는 루틴을 가지지 못한다면, 곧 도태될 수도 있다는 점을 알 수 있다.[17]

루틴의 논리가 혁신연구에서 주는 시사점은 첫째, 정통경제학(main stream economics)이 가정하는 것처럼 백지 위에서 모든 혁신 대안 가운데 최적의 것을 골라낸다는 최적화의 가정이 항상 성립하는 것은

---

16 개인이나 조직에서 한 번 고착된 습관은 고치기가 어렵다는 점을 생각해보면 쉽게 이해할 수 있다.

17 한 시기 주도권을 잡고 있던 기업이나 국가가 몰락하는 것은 대체로 그 성공을 가능하게 했던 루틴이 변화된 환경과 조화되지 못했기 때문이다.

아니라는 점과, 둘째, 좀 더 혁신친화적인 루틴을 정립하는 것이 기업 전략이나 정책적 목표가 될 수 있다는 점이다.

### 2) 경로의존성(path dependency)과 기술궤적(technology trajectory)

혁신의 진화적 과정을 잘 요약한 개념이 경로의존성(path dependency) 혹은 기술궤적(technological trajectory)이다. 혁신은 무작위적으로 일어나는 것이 아니라 과거의 혁신을 반성하고, 개선해나가는 과정에서 일어난다. 물론 과거의 혁신과 얼마만큼 차별화된 개선을 이루어내는가에 따라 점진적 혁신과 단절적 혁신이 구분될 수 있으나, 이는 정도의 문제일 뿐 그 어떤 혁신도 하늘에서 떨어지듯 아무런 역사적 연계성이 없이 발생하지는 않는다. 따라서 기술혁신이 특정한 경로(path)를 따라 일어나고 있을 때 후속 혁신 역시 대체로 그 경로의 연장선상에서 일어나는 경향이 있다. 예를 들어 휴대폰 관련 기술이 급속하게 발전하고 있던 1990년대 초중반, 대체적인 혁신은 휴대폰의 무게를 얼마나 줄일 수 있는가에 초점이 모아져 있었고, 반도체는 1970년대 이래 얼마나 작은 면적에 소자를 집적시킬 수 있는가에 초점이 맞춰져 있었다. 개별 기술을 떠나 보다 거시적 시각에서 보면 기술발전은 인간의 근력 소비를 최소화하도록 진보하고 있기도 하다.

이처럼 기술발전은 일련의 기술혁신이 형성하는 특정 경로를 따라가는 현상이 있다는 측면에서 경로의존성(path-dependency)이 있다고 하며, 이러한 혁신의 특정한 발전경로를 기술궤적(technological trajectory)이라고 부른다. 이를 가장 넓은 의미에서 일반화시킨 개념이 기술패러다임(technological paradigm)이다. 기술패러다임은 '과학

**| 기술궤적을 유지시키는 힘과 파괴하는 힘 |**

기술궤적은 별다른 변화가 없을 경우 스스로 지속되는 관성을 지니고 있다. 이는 기술을 공급하는 공급자와 관련 가치사슬상의 기업들이 이미 그 기술의 패러다임에 익숙해져 있기 때문이고, 소비자 또한 새로운 기술궤적으로 옮겨가는 데 저항하기 때문이다. 인프라나 법 등 각종 사회적 구조와 제도 역시 기존 궤적을 충실히 지지하고 있기도 하다. 그러나 그 모든 잠재적 비용을 뛰어넘을 가능성을 지닌 새로운 과학적 원리가 발견되거나, 소비자 선호의 급격한 변화, 혹은 사회적 격변이 일어나게 되면 새로운 기술궤적으로 옮겨갈 동인이 생긴다. 이를 간략히 표로 정리하면 다음과 같다.

| | 유지시키는 힘 | 파괴하는 힘 |
|---|---|---|
| 공급자 | · 매몰비용, 규모의 경제, 학습효과<br>· 기업조직 및 의사결정관행 | · 새로운 과학기술적 원리의 발견 |
| 소비자 | · 소비자 전환비용(학습, 재배치, 위험회피성향 등) | · 욕구와 성능 간 불일치<br>· 세대변화, 선호변화 |
| 사회적 구조, 제도 | · 가치사슬의 이해관계<br>· 인프라 관련 이해관계<br>· 법제도적 규정 | · 격변으로 인한 이해관계망의 파괴<br>· 새로운 비전, 목표의 설정<br>· 새로운 조직, 문화의 접촉 |

예를 들어 컴퓨터 CPU의 경우 현재까지는 회로선폭을 줄이는 등 기존의 기술적 개념을 더 정교하게 적용하는 단계이지만, 양자컴퓨터, 바이오컴퓨터 등 새로운 개념이 완성되면, 새로운 기술궤적을 따라 움직일 수 있다. 아주 넓은 거시적 변동의 예를 생각해보면, 농업에 기반한 사회가 전쟁이나 기타 격변을 겪게 되면 지주 등 기존 이해관계망이 파괴되고, 새로운 산업 활동에 기반한 기술발전의 궤적이 시작될 수 있는 가능성이 열리게 된다.

기술적 원리에 의거하여 선택된 과학기술적 해법의 모델 혹은 패턴'으로 정의되며(Dosi, 1982), 넓게는 기술경제(techno-economic) 발전을 지배하는 사고체계를 의미하는 것이기도 하다. 따라서 하나의 지배적 기술발전 패러다임이 성립하게 되면, 그 궤적(trajectory)을 따라서 후속 혁신이 일어나게 된다. 경로의존성이나 패러다임의 개념은 인간의 이성이 제한적이어서, 특정한 기술진보를 이룩하기 위해 모든 가능한 해법을 모두 찾아 시험해보는 것이 원천적으로 불가능하기 때문에 발생한다.

경로의존성은 기술정책적 관점에서 첫째, 정책적 비전과 수단을 고민할 때 항상 지금까지의 혁신경로가 가진 특성을 충실히 고려해야 한다는 점을 시사한다. 둘째, 기술정책 스스로 경로의존성을 가지고

**혁신의 경로의존성을 보여주는 사례**

현재 사용하고 있는 컴퓨터 키보드는 왼쪽 위줄 첫 6개 키가 'QWERTY' 순으로 배열되어 있다. 이러한 자판 배열은 초기 기계식 타자기가 처음 생길 무렵 자판 간의 얽힘을 방지하기 위해 연속적으로 자주 쓰이는 자판들을 일부러 떼어놓아 '비공학적'으로 만들 목적으로 만들어졌다. 1932년 드보락 교수는 10년간의 인간공학적 연구 끝에 각 손가락의 힘이 가장 고르게 배분되도록 하여 피로가 적으면서도 속도가 빠를 수 있는 방식으로 자판을 배열하여 드보락 타자기를 만들었다. 그러나 대부분의 전문가들이 드로락 자판 배열이 QWERTY 자판배열보다 우수하다고 인정하였음에도 불구하고, 이미 QWERTY 자판기에 익숙해진 타자수들이 새로운 자판기로 전환하기를 거부하였다. 그 결과 오늘날까지 모든 컴퓨터 키보드의 자판배열은 '비효율적인' QWERTY 자판기로 굳어졌다. 이 사례는 심지어 역사적인 우연으로 정해진 경향이라 하더라도 바꾸기가 어렵다는 점을 잘 보여준다.

출처: Rogers(2005) 참조

있다는 점을 시사하기도 한다. 과거 한 시기 성공적이었던 기술정책은 보통 상황이 바뀌었음에도 불구하고 지속되는 경향이 있다. 따라서 현재 어떠한 경로의 제약 아래 놓여 있는지를 비판적으로 되돌아보고, 발전적 경로로 전이할 수 있는 전략을 고민하는 것이 중요하다.

### 3) 다양성과 선택

혁신은 여러 다양한 아이디어가 제시(variety creation)되고, 그 중 적합한 아이디어가 선택되는 방식(selection)으로 이루어진다. 다양한 아이디어 역시 대체로 기존의 발전궤적을 따라 이루어진다. 이러한 의미에서 혁신은 진화적으로 이루어진다고 한다.

생물의 진화도 새로운 환경변화에 직면하여 다양한 변종, 돌연변이 가운데 가장 잘 적응한 종이 선택되어 번성하며, 이러한 선택이 누적되어 전혀 특성이 다른 종으로 변해나가는 메커니즘을 따른다. 그러나 생물의 진화와 혁신의 진화는 다음과 같은 점에서 차이가 있다. 첫째, 생물의 진화에서는 잘 적응한 종이 환경에 의해 수동적으로 선택되는 경향이 강하지만, 혁신에서는 인간의 의지에 따라 선택의 메커니즘 자체를 능동적으로 설정해나갈 수 있다. 둘째, 생물의 진화에서는 변종과 돌연변이가 무작위적으로 만들어지는 경향이 강하지만, 혁신의 진화에서는 혁신과정에서 과거에 축적한 혁신경로와 인간의 의지에 기반하여 새로운 아이디어가 작위적이고 선별적으로 제시된다.[18]

---

[18] 이는 혁신진화에서는 당대 획득된 형질이 후대로 전수될 수 있다는 라마르크적 사고가 적용된다는 것을 의미한다.

혁신의 진화적 메커니즘은 다양성의 창출과 선택 메커니즘으로 요약될 수 있기 때문에 이 두 과정이 얼마나 효율적으로 작동하는가를 살펴보면 혁신이 얼마나 왕성하게 일어나는가를 알 수 있다.

혁신의 다양성과 선택 문제는 기술정책적 관점에서 어떤 부문에 정부의 개입이 필요한지를 시사하고 있다. 예를 들어 다양한 아이디어를 제한 없이 제기할 수 있도록 창의적 교육을 강화하고, 지식교류의 장을 제공하는 등 환경을 조성하거나 계기를 제공하는 것이 우선 필요하다. 또한 선택에서 장기적 경쟁력이 기준이 될 수 있도록 제도적 환경을 만들어나가는 것도 중요하다.

**| 실리콘밸리의 혁신 생태계 |**

실리콘밸리는 전 세계에서 가장 많은 혁신들이 탄생하고, 또 실패하는 혁신의 용광로로 잘 알려져 있다. Lee et al.(2001)은 실리콘밸리의 특성을 혁신생태계(innovation habitat) 개념으로 잘 요약한 바 있다. 이를 다양성의 창출과 선택 메커니즘의 눈으로 살펴보면, 실리콘밸리는 우선 스탠포드 대학 등 주변 대학인력과 우수한 기술이민 인력에 의하여 끊임없이 혁신적 아이디어가 공급되고 있고, 법률회사, 경영자문회사 등 아이디어를 유형적인 사업형태로 만들어낼 수 있는 지식서비스산업이 고도로 발달되어 있다. 이러한 배경에서 그 어느 곳보다 다양한 아이디어가 제시되고 있으나, 모든 아이디어가 다 성공으로 이어지는 것은 아니다. 특히 기술적 지식과 금융적 지식을 겸비한 벤처캐피탈과 기술적 아이디어를 획득하고자 하는 대기업들이 자금공급역량을 기반으로 가혹한 선별작업을 끊임없이 진행하고 있다. 따라서 대부분의 창업기업이 창업 후 곧 망하게 되지만, 또 그만큼 많은 수의 기업이 탄생하기도 한다. 그러므로 실리콘밸리는 그 어느 곳보다 새로운 아이디어가 많이 생성되고 있는 곳이지만, 또 그 어느 곳보다 선택의 압력이 높은 곳이기도 하다.

특히 이 가운데 선택의 문제는 유형적, 무형적 제도와 밀접한 관련이 있다. 이는 어떤 것이 옳고 그르다고 판단하거나, 어떤 것을 선택해야 하는가에 대한 인간의 기준을 정형화시킨 것이 제도이기 때문이다. 제도는 사회와 시대에 따라 다르기 때문에 어떤 기술혁신 아이디어가 선택될 것인가의 문제도 역시 사회와 시대에 따라 달라질 수밖에 없다. 가령 생명윤리 문제에서 진보적인 입장을 취하는가 보수적인 입장을 취하는가에 따라 줄기세포 관련 연구의 방향과 속도가 달라지는 것을 생각해보면 이를 쉽게 이해할 수 있다.

### 4-3 혁신시스템의 구성

혁신시스템에서 '시스템'이 의미하는 바는 원론적으로 (i) 구성요소(components), (ii) 구성 요소들 간의 관계(linkage), (iii) 구성요소 및 관계의 움직임을 규율하는 규칙(rule of game), (iv) 시스템의 안과 밖을 구분해 주는 경계(boundary), (v) 시스템을 둘러싼 환경여건(environmental condition)이 있다는 것을 의미한다. 혁신시스템은 혁신이 일어나는 과정을 시스템적으로 묘사하고자 하므로, 위에서 든 시스템의 정의를 충실히 따르고 있다. 그러므로 혁신시스템에는 기업, 대학, 연구소와 같은 혁신주체들이 있고, 이들이 서로 연계되어 있으며, 다양한 행위들이 일어나는 규칙으로서 제도가 있다. 국가나 지역, 혹은 산업과 같이 시스템의 경계를 지워주는 개념이 존재하며, 하부구조나 외부경제여건과 같은 환경여건이 있다. 이들을 크게 묶어 혁신시스템의 구성요소를 대별해보면 혁신주체(actors), 연계(linkage),

하부구조(infrastructure), 제도(institution)로 표현할 수 있다.

이러한 구성에서 혁신시스템적 사고는 혁신과정의 특징을 다음과 같은 몇 가지 정형화된 사실(stylized facts)로 요약한다. 첫째, 혁신이 기업이나 연구소 등 개별 주체가 홀로 이루어내는 것이 아니라 다른 주체들과의 관계 속에서 상호 학습하고 영향을 주고받으면서 이루어지는 집단적이고 사회적인 작업의 결과물이라는 것이다. 둘째, 행동의 규칙(rule of game)으로서 제도(institutions)는 주체의 행동양식을 정의하고, 그들 간의 연계형태와 강도를 결정하는 중요한 역할을 한다. 셋째, 혁신은 사전에 기획되거나 예상한 대로 이루어지는 것이 아니라 여러 가지 시행착오를 거치면서 '진화적'으로 이루어진다(Edquist, 1997).

### 4-4 혁신시스템의 종류

하나의 혁신시스템이 성립할 수 있기 위해서는 핵심 구성요소로서 혁신주체, 관계, 하부구조 및 제도가 독립적으로 존재해야 한다. 또 혁신시스템의 기능 측면에서 기술혁신의 창출과 확산이 시스템 내에서 독립적으로 이루어질 수 있어야 한다. 따라서 예를 들어 동일지역에 있는 유사업종의 기업 몇 개를 묶어서 '○○혁신시스템'이라고 이름 지을 수는 없다. 이는 혁신을 유발하기 위한 주체가 모두 포괄되어 있지 않고, 그들만을 규정하는 독립적인 제도라는 것도 생각하기 어렵기 때문이다.

지금까지의 혁신시스템에 관한 연구를 종합할 때 혁신시스템은 지리적 포괄 범위에 따라 대표적으로 국가혁신시스템(National Innovation System)과 지역혁신시스템(Regional Innovation System)으로 나눌 수 있고, 기술이나 상품 중심으로 산업혁신시스템(Sectoral Innovation System)이나 기술시스템(technological system) 등과 같이 나뉘어지기도 한다. 뿐만 아니라 지역혁신과 산업혁신요소가 결합되어 복합적인 혁신시스템을 구성하기도 한다.[19]

### 1) 국가혁신시스템

국가혁신시스템은 '신기술의 개발, 수입, 변형 및 확산과 관련된 국가 내 모든 공공 및 민간부문의 각종 기관들의 네트워크'로 정의되거나(Freeman, 1987), '기술학습의 속도와 방향을 결정하는 국가 내 여러 혁신주체 및 이들의 유인체계와 경쟁력'(Patel and Pavitt, 1994)으로 정의되기도 한다. 요컨대, 국가의 경계 내에서 기술의 창출, 확산, 활용과 관련된 여러 주체들과 이들의 연계, 그리고 이들의 활동양식을 규정짓는 각종 제도들의 집합체를 국가혁신시스템이라고 한다. 국가혁신시스템을 그림으로 요약하면 다음과 같이 나타낼 수 있다.

---

19 예를 들어 실리콘밸리라는 '지역'에 있는, 정보통신이라는 '산업분야'에 속한 벤처기업의 혁신 행태를 이해하기 위해서는 지역혁신시스템과 산업혁신시스템을 복합적으로 고려해야 한다.

[그림 4-1] 국가혁신시스템의 얼개

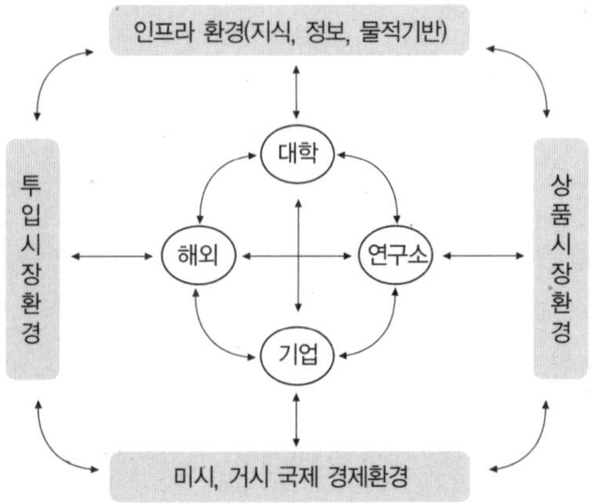


우선 국가혁신시스템에는 주요 혁신주체로서 기업, 공공연구소, 대학, 해외 부문 등이 있을 수 있다. 기업은 새로운 혁신아이디어를 제시하기도 하지만, 이를 이용하여 새로운 상품을 만들고, 궁극적으로 시장에서 수익을 얻어낸다. 공공연구소는 민간기업들이 스스로 감당하기에 지나치게 큰 위험이 있거나, 대형투자가 요구되는 원천형 기술을 개발하는 역할을 담당하게 된다. 대학은 스스로 기초지식을 개발하는 주체이기도 하지만, 동시에 인력을 양성하여 사회에 공급하는 역할을 수행하고 있다. 즉, 대학의 기초원천기술 개발 노력은 그 결과 자체로서 의미가 있다기보다 실험역량을 가진 혁신인력을 양성하는 도구로서 의미를 가진다고 할 수 있다.

각 혁신주체들은 경쟁, 거래, 네트워킹 등 다양한 방식으로 상호 영향을 주고받는다(OECD, 2002). 경쟁은 기업 등 혁신을 수행하고자 하는 다양한 주체들이 서로 견제하면서 혁신성과를 선점하기 위하여 노력하는 과정이다. 혁신을 둘러싼 긍정적인 경쟁이 활발할수록 혁신이 더욱 빠른 속도로 일어나는 것은 당연하다. 거래는 금전적 교환관계에 따라 상품을 사고파는 것으로, 이 과정에서 상품에 체화된(embodied) 기술들이 전파된다. 네트워킹은 기업 간 전략적 협력이나 산학연공동 연구개발 등의 형태로 강하게 이루어질 수도 있고, 학회나 단체 등을 통한 느슨한 형태의 네트워킹도 있을 수 있다. 이러한 네트워킹을 통해 지식이 전파되고, 학습되면서 혁신의 방향이 바뀌기도 하고, 속도가 빨라지거나 느려지기도 한다. 특히 인적교류나 학술적 회합 등으로 이루어지는 기술전파를 비체화된(disembodied) 기술확산이라고 하며 기술적 아이디어 교류의 중요한 경로로 간주되고 있다.[20]

혁신은 다양한 환경변수로부터도 영향을 받는데, 이에는 인프라 상황, 투입 및 상품시장여건, 기타 미시적, 거시적 경제 환경 등이 있을 수 있다. 이러한 환경변수는 모두 외생적으로 주어지는 것이 아니라 국가가 가지고 있는 제도적 틀에 따라 내생적으로 조정되거나, 최소한 외생적 영향요인들이 걸러지게 된다.

혁신 주체들 간의 상호 작용 역시 여러 가지 규제나 제도의 영향을 받게 되고, 나아가 문화적인 관습으로부터도 영향을 받게 된다. 국가

---

20 Edquist(1997)는 혁신주체들 간의 관계(linkage)를 시장적 거래와 비시장적 관계로 나누어 표현한 바 있다. 그는 신고전학파 경제학에서 주로 시장적 거래에 초점을 맞추고 있으나 현실에서의 혁신과정을 깊이 살펴볼 때 비시장적 거래가 더욱 중요하다는 점을 주장하고 있다. 예를 들어 실리콘밸리 벤처기업가들이 잦은 비공식적 회합에서 서로 다양한 정보를 교환한다는 점을 생각해보면 이 주장을 쉽게 이해할 수 있다.

혁신시스템을 논의할 때의 제도는 국가전체 입장에서 조정될 수 있는 것들로서 (i) 정치적, 행정적, 사법적 구조 및 안정성, (ii) 거시경제 및 기업 활동 관련 제도, (iii) 과학기술관련 제도 등 다양하게 존재한다.

이러한 제도들은 다양한 주체들에 의하여 형성, 집행된다. 명시적인 제도들의 경우 의회에서 혁신에 영향을 미칠 수 있는 각종 제도를 입안하고, 행정부가 이를 집행하며, 사법기관들은 제도의 적용을 강제한다. 이밖에도 준정부적 기구들로서 소위 중간조직체(bridging institutes)들이 존재하는데, 각종 협회나 업종단체, 재단 및 조합 등이 있다. 이들은 기술을 매개하거나, 공동연구 등을 조직하여 혁신활동을 보조하는 역할을 한다. 또한 시민단체나 전문가 단체 역시 제도의 형성과 집행과정에서 일정한 역할을 담당하고 있다.

국가혁신시스템 내에 있는 각 혁신주체들은 오늘날 다양한 도전에 직면하고 있다. 기업들의 경우 기술이 점차 복잡해지고 융합되는 환경에서 모든 분야를 망라하여 혁신을 이룩할 수 없기 때문에, 잘 할 수 있는 분야에 집중하면서 한편으로 타 기업, 대학, 연구소 등 다른 혁신주체들과 어떻게 연계관계를 맺을 것인가에 골몰하고 있다. 이러한 고민은 최근 개방형혁신시스템(Open Innovation System) 구축과 관련한 논의에서 잘 드러나고 있다.

대학은 기초과학과 응용기술개발의 경계가 점차 모호해지고 있고, 산업계와 좀 더 밀착된 연구를 수행해야 한다는 요구를 받고 있다. 나아가서 공공연구소들과 마찬가지로 기초적인 연구에만 몰두할 것이 아니라 상업적 성과를 창출하는 데 좀 더 기여해야 한다는 목소리가 높아지고 있다. 최근 상아탑 자본주의(academic capitalism)라는 단어

**| 개방형 혁신시스템 |**

헨리 체스브루가 제시한 개방형 혁신시스템 개념은 핵심역량을 보유하되 외부의 혁신 자산을 적극적으로 활용할 것을 제안하고 있다. Chesbrough (2003)에 따르면 기존기업들은 대체로 모든 혁신의 프로세스를 스스로 모두 해야 한다고 생각하거나, 해당분야 혁신을 위해 필요한 인적, 기술적 자산을 모두 가지고 있다고 그릇 판단하는 경향이 많다. 그러나 혁신을 수행할 수 있는 역량 있는 사람과 기업들이 세계 곳곳에 흩어져 있고, 기술이 복잡해지면서 기업 스스로 모든 단계의 연구를 수행하는 것이 사실상 불가능하기 때문에 자신이 가진 지식을 적극적으로 내놓고, 반대로 외부의 훌륭한 혁신아이디어는 적극적으로 채택할 것을 제안하고 있다. 이를 개념적으로 표현하면 다음과 같다.

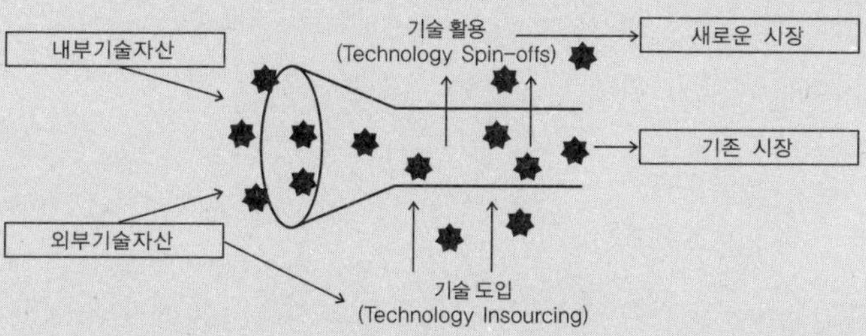


따라서 기업들은 외부의 우수한 기술자산을 식별하기 위한 내부역량을 키우는 데 집중하고, 지식재산을 효과적으로 활용하기 위한 전략을 마련할 필요가 있다. 인텔은 이러한 아이디어를 적용하여 외부벤처를 인수하거나 키우기 위한 비용으로 2000년도에만 13억 달러의 투자를 하였다. IBM은 회사가 가진 축적된 지식재산을 적극적으로 개방하여 2000년도에만 17억 달러의 로열티 수입을 올린 것으로 보고된 바 있다. 정부도 개방형 혁신시대를 맞이하여 교육훈련에 대한 공적지원을 더욱 강화하고, 기술기반 창업기업을 적극 지원하며, 동시에 기술의 활발한 상호 교류를 위한 협력연구를 지원할 필요가 있다.

출처: Chesbrough(2003) 참조

가 대두되고 있는 것이 이러한 경향을 단적으로 대변하고 있다.

공공연구소들은 과거 국방 등 국가적 과제를 수행하면서 그 존재가치가 증명되어왔으나, 최근 예산이 줄어들고 역할이 축소되는 등 여러 형태의 위기에 봉착하고 있다. 이에 대하여 산업계가 도전하기 어려운 원천적인 기술(generic technology)개발에 기여해줄 것으로 요구받는 동시에 그간의 축적된 지적 자산을 상업적 성과로 전환하여 산업계에 활력을 불어넣어줄 것을 요구받고 있다.

이러한 도전과제들은 각 혁신주체들이 스스로의 역량을 높이고, 전략적 협력관계를 구축하여 풀어나가야 할 과제들이며, 또한 정책적으로는 어느 부분에서 네트워킹의 병목현상이 발생하고 있는지를 식별하여 지원할 필요가 있다는 점을 잘 보여주고 있다.

### 2) 지역혁신시스템

오늘날 우리는 지식과 정보가 실시간으로 전파되는 시대에 살고 있다. 국제회의가 하루가 멀다 하고 열리고, 기업들 간의 인수합병이 국경을 넘어 일상처럼 벌어지고 있다. 인터넷을 한 시간만 검색해도 알고 싶은 정보는 대부분 쉽게 얻을 수 있는 세상이 되었다. 기업들은 보다 좋은 생산조건을 찾아 하룻밤 사이에 이 나라에서 저 나라로 공장을 이전하고 있다. 이렇게 좁아진 세상을 혹자는 '거리가 소멸된' 세계라는 말로도 표현한다. 이런 환경에서 굳이 지리적 한계를 염두에 둔 '지역'의 혁신시스템을 논의하는 것이 의미가 있을까?

그러나 역설적으로 물리적인 거리의 의미가 점점 축소될수록 지역의 의미와 가치가 더 높아지고 있다. 그 이유는 지식의 암묵성

(tacitness), 고급인력 유치에서의 환경적 조건, 그리고 기술혁신을 보조하는 여타 기능의 집적성이 더욱 중요해지고 있기 때문이다(Asheim and Isaksen, 2002).

문서나 자료의 형태로 나타내기 어려운 노하우, 경험 등의 지식을 묵시적 지식(tacit knowledge)이라고 하며, 그 반대를 명시적 지식(explicit or codified knowledge)이라고 한다. 명시적 지식이 통신이나 기타의 방법으로 쉽게 전달될 수 있는 반면 묵시적 지식은 사람의 머릿속에 포괄적으로 체화되어 있기 때문에 직접 설명을 듣거나 경험하지 않고서는 전달받기가 어렵다. 기업의 입장에서 보면 특허 명세서나 기술논문 등 명시적 지식이 거의 실시간으로 퍼져나가는 상황에서는 외부의 지식을 쉽게 알 수도 있지만 역으로 자신의 지식이 유출될 위험도 커지게 된다. 따라서 기업의 핵심경쟁력에 해당하는 부분일수록 명시적 지식으로가 아니라 묵시적 지식의 형태로 보유하고자 하는 욕구가 커질 수밖에 없다. 따라서 정보통신이 발달하고, 글로벌화가 더욱 무차별적으로 진전되면 될수록 역설적으로 자신을 차별화하기 위한 주요한 전략적 수단으로서 묵시적 지식의 중요성은 더욱 커진다고 할 수 있다. 묵시적 지식을 흡수하는 주된 방법이 직접적인 접촉에 의한 경험이기 때문에 핵심지식을 가진 기업, 대학, 연구소 주변으로 기업이나 연구자들이 몰려들 수밖에 없게 되고, 이른바 '거리의 소멸' 시대일수록 반대로 '좋은 지역'을 찾아 옮겨 다녀야 하는 상황이 된다.

고급인력의 유치에서 환경적 요소가 가지는 중요성은 실리콘밸리의 사례를 떠올려보면 쉽게 이해할 수 있다. 기술혁신의 아이디어를 창출해낼 핵심인재도 결국 사람이기 때문에 삶의 환경(amenity)을 중시하게 된다. 따라서 좋은 교육, 문화, 인프라 환경이 갖추어진 곳에서 거주하기를 원하게 된다. 실리콘밸리는 이러한 면에서 국제적으로 최고 수준의 환경을 제공하고 있고, 전 세계적인 우수인재가 자발적으로 진입하고자 경쟁하고 있는 곳이다.

지역적으로 혁신활동이 차이가 나는 원인을 설명하는 또 다른 중요한 요소는 혁신활동을 보조하는 부속기능의 집적 정도에 있다. 기업의 혁신과정을 생각해보면, 하나의 혁신아이디어가 제품이 되어 시장에서 수익을 창출하기까지 법률회사, 금융회사, 컨설팅회사 등 다양한 지원기관, 조직과 협력해야 한다. 따라서 이러한 부속기능들이 잘 발달되어 있을 경우 시행착오가 적고, 이해 관계자들 간의 교섭비용(transaction cost)이 적어지게 되어 혁신활동 자체가 더 활발해진다. 앞서 실리콘밸리가 지역혁신의 대명사로 알려지게 된 것도 기술적 아이디어 자체의 우수성도 한 원인이나 세계 최고 수준의 법률서비스, 금융서비스를 제공하고 있기 때문이기도 하다.

위에서 언급한 바와 같은 여러 가지 요인들로 인해 혁신에서 지역이 갖는 의미가 세계화 시대를 맞이하여 축소되기보다 오히려 더욱 강화되고 있다. 최근 중요하게 부각된 클러스터(cluster)라는 개념도 지역혁신의 구도를 달리 표현한 것으로 볼 수 있다(Cook and Memedovic, 2006).

지역혁신시스템은 이러한 지역혁신의 구조와 성과를 체계적으로 설명하고자 하는 인식의 틀이며, 국가혁신시스템과 마찬가지로 혁신의 주체들과 그들 간의 연계, 그리고 혁신주체들의 행동을 규율하는 제도적 환경으로 구성된다.

혁신 주체들이 특정지역에 몰리는 것은 개별적인 선택의 문제이지만, 정책적 관점에서 보면 지역의 혁신체제가 잘 형성될 수 있도록 제도적 기반을 정비하는 것이 중요한 과제가 된다. 이와 관련하여 지방정부의 역할이 중요한 것은 말할 것도 없지만, 지방정부와 중앙정부의 제도가 일관성을 갖고 상호 조응하도록 조율할 필요가 있다.

### 3) 산업혁신시스템

산업 혹은 섹터(sector)란 '공통되거나 연관된 기술적 기반과 연관된 제품을 통해 특정 시장수요를 만족시키는 활동들의 집합'이라고 정의된다(Malerba, 2005). 예를 들어 자동차 산업은 자동차 수요자에게 제품을 공급하기 위해 기계, 전기 등 자동차와 관련된 기술적 지식을 공유한 수많은 관련 업체들이 모여서 형성되는 것이다. 혁신시스템의 대상을 국가나 지역이 아니라 이와 같이 특정 산업으로 한정하여 논의하게 되면 산업혁신시스템이 된다.

산업혁신시스템 역시 다른 혁신시스템과 마찬가지로 산업의 가치사슬상에 놓인 수많은 기업을 포함하여 관련 대학이나 연구소 등 혁신주체들이 있고, 이들 간의 연계와 이를 조율하는 각종 제도적 기반으로 구성되어 있다.

산업혁신시스템은 산업의 종류만큼 다양한 세부시스템들이 존재한다. 이는 각 산업을 구성하는 기술지식기반(technology and knowledge domain)이 산업별로 다르기 때문이다. 산업을 구성하고 있는 기술지식기반은 접근가능성, 기술적 혁신기회의 정도, 지식의 누적 정도 및 복잡성, 모듈화 정도 등 다양한 측면에서 차이가 난다(Malerba and Orsenigo, 1997; Malerba, 2002). 예를 들어 완구산업의 경우 기술이 대부분 알려져 있어 접근이 용이하고, 중대한 기술적 혁신의 가능성이 상대적으로 적으며, 지식의 누적성이 약하고, 상당히 모듈화되어 있기 때문에 부분품을 잘 조립하는 제조역량이 중요한 산업이다. 반면, 인텔이 지배하고 있는 마이크로프로세서 산업의 경우 암묵적 지식이 상당히 존재하며, 중대한 기술적 혁신이 수시로 일어나고, 이전 세대의 기술적 사양에 기초하여 다음 세대의 혁신이 진행되는 누적성이 강하다. 모듈화된 부분도 있으나 많은 부분이 통합설계, 제작되는 특성도 있다. 이처럼 산업별로 시장이 다를 뿐만 아니라 기술기반을 형성하는 지식의 속성이 다르기 때문에 혁신이 일어나는 패턴이나 전략이 다를 수밖에 없다.

산업혁신시스템은 모든 혁신시스템이 그러하듯이 고정되어 있지 않고, 끊임없이 변화한다. 시장수요가 변화하거나, 중대한 과학기술적 진보가 있으면, 그 범위와 구성이 이에 따라 변화하게 된다. 정책적 관점에서는 시장과 기술의 변화를 고려하면서 산업혁신시스템이 역동적으로 움직일 수 있도록 어떻게 제도적 환경과 지원을 적절하게 변화시켜나갈 것인가가 관심사라고 할 수 있다.

산업혁신시스템은 과거 우리나라에서 널리 행해졌던 산업정책과 유사한 부분이 있다. 산업정책은 특정산업을 집중 육성하기 위해 국가적 자원을 결집해나가는 의도적 행위로서, 그 결과 그 산업의 혁신시스템이 자연스럽게 형성된 것으로 볼 수 있다. 이와 달리 산업혁신시스템에 기반한 정책은 기술기반의 강화에 초점을 맞춤으로써 결과적으로 산업의 경쟁력향상과 구조조정 효과를 꾀하는 정책이라 할 수 있다.

## 4-5 혁신시스템이론의 정책적 시사점

이상에서 일반적인 혁신시스템이론과 그 부분으로서 국가혁신시스템, 지역혁신시스템, 그리고 산업혁신시스템에 대하여 간단히 살펴보았다. 이외에도 시스템의 적용범위를 고유하게 설정함으로써 여러 가지 다른 형태의 혁신시스템을 상정할 수 있을 것이나, 이상의 세 가지 혁신시스템이 가장 널리 알려져 있고, 구체적인 정책의 틀로 많이 고민되어왔다. 이 세 혁신시스템은 상호 긴밀하게 연계되어 있는데, 이를 간단히 그림으로 제시하면 〔그림 4-2〕와 같다.

[그림 4-2] 국가, 지역 및 산업혁신시스템의 관계

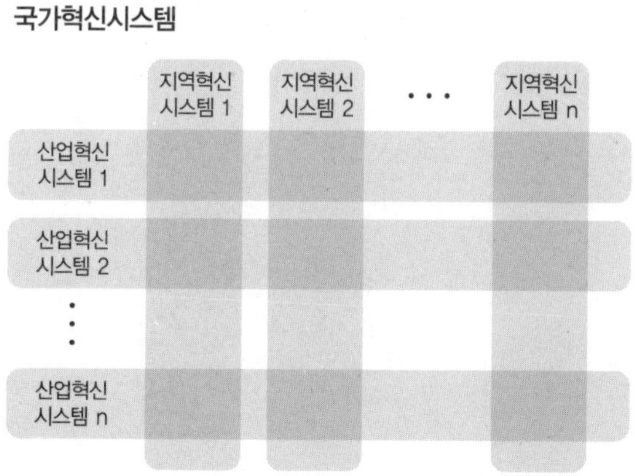

그림에서 나타낸 바와 같이 국가혁신시스템은 하부의 지역 및 산업혁신시스템들로 구성이 된다. 그러나 지역 및 산업혁신시스템의 단순 총합이 곧 국가혁신시스템이라고 말할 수는 없다. 이는 개별 지역과 산업을 가로질러 작용하는 국가 수준에서의 고유한 제도적 기반이 있고, 또한 여러 지역 및 산업에 모두 영향을 미치는 혁신주체들이 존재하기 때문이다.

국가혁신시스템과 지역 및 산업혁신시스템은 서로 중첩되면서 현실의 혁신세계를 구성한다. 예를 들어 울산 지역의 자동차산업은 지역적 속성과 산업적 속성을 중복하여 가지고 있고, 국내에 있기 때문에 한국의 국가혁신시스템에 종속되어 있다. 그러므로 현실에서 보는 모든 혁신의 문제는 이 세 가지 차원을 중첩하여 살펴볼 때 올바로 이해할 수 있고, 전략이나 정책도 수립할 수 있게 된다.

정책적 관점에서 혁신시스템이론은 단순한 혁신투입 증대가 중요한 것이 아니라 혁신이 유도되는 복합적 환경, 특히 제도적 환경의 중요성을 일깨워줌으로써 혁신정책의 외연을 확대하는 데 기여하고 있다. 즉, 과거에는 혁신을 지원하기 위한 정책이 단순하게 연구개발투자를 늘리는 것이었다면, 혁신시스템이론의 발전에 힘입어 혁신에 영향을 미칠 수 있는 모든 주체, 관계, 제도를 두루 다루는 것으로 넓어지고 있다.

## 4-6 혁신시스템 이론의 한계와 과제

혁신시스템 이론은 지금까지의 그 어떤 개념체계보다 현실의 혁신과정을 가장 현실적으로 묘사할 수 있는 것으로 인정되고 있다. 특히 혁신과정을 묘사하기 위해 오래도록 활용되어온 신고전학파 경제학의 개념 틀을 대체할 수 있는 가능성을 보여주고 있다. 지난 20여 년 간 OECD나 유럽의 각국 기술정책들이 혁신시스템 이론에서 그 근거를 찾고 있다는 점이 그 증거라 할 수 있다.

그럼에도 불구하고 혁신시스템 이론은 아직까지 미완의 이론으로서 다음과 같은 몇 가지 한계와 과제를 가지고 있다. 첫째, 혁신시스템을 구성하는 여러 개념의 정의가 모호하여 혼란을 초래하거나 실증분석을 어렵게 하는 면이 있다. 이러한 모호한 정의의 문제는 '지역' 혹은 '산업'과 같은 혁신시스템의 경계 문제나 주체 간의 다양한 관계 등 여러 곳에서 발견되지만 가장 큰 혼란은 핵심이라고 할 '제도'의 문제에 있다. 가령 기술혁신에 직간접적으로 영향을 미치는 모든 유무형의 제도를 논하게 되면, 사실상 한 국가전체의 사회적 특질과 제도를 모두 논의해야 한다. 반면 과학기술적 진보에 직접 관련된 제도만을 논의하면 혁신과정이 가진 복잡한 양상을 표현하는 것이 불가능하게 된다. 따라서 기술정책을 고민하는 데 있어서 불가피하게 제도의 범위와 종류를 자의적으로 선택할 수밖에 없는 상황이 된다.[21]

---

21 혁신시스템 이론이 비판하고 있는 신고전파 경제학에서는 수십 년 동안 사실상 표준화의 과정을 거쳐, 가격에 근거한 시장매커니즘이라는 개념적 체계를 수립하였고, 이에 대한 교과서적인 정의가 존재한다. 그러므로 개념적 혼란은 혁신

둘째, 실증 분석을 위한 방법론이 충분히 발달하지 않았다. 이는 위의 첫 번째에서 지적한 개념적 모호함에도 원인이 있고, 또한 최적상태(optimal state)의 개념이 아니라 진화적 변화의 개념을 채택하고 있기 때문이기도 하다. 이는 신고전학파 경제학이 가진 다양한 실증 분석방법론과 대비할 때 특히 그 취약성이 두드러지는 부분이다. 신고전학파 경제학에서는 완전경쟁 시장이라는 바람직한 상태를 항상 상정하고 있고, 이를 수학적으로 묘사할 수 있는 수단이 있으며, 현재와 완전경쟁상태 간의 차이 혹은 현재와 변화된 상태와의 차이를 비교정태분석(comparative static analysis)이라는 정량적 분석수단으로 설명하고 있다.[22] 그리고 이에 근거하여 혁신활동을 포함해서 현실의 많은 경제적 현상들을 다양한 맥락에서 표현하고 있다. 그러나 혁신시스템 이론은 혁신의 과정은 항상 변화하는 것으로 정지된 상태의 최적이라는 개념이 존재하지 않고, 특히 완전경쟁과 같은 개념은 현실에 존재할 수 없는 이상에 불과하다고 비판한다. 그러나 최적 개념이 존재하지 않기 때문에 사실상 유일하게 남은 방법론이 혁신시스템 간의 횡단면 비교나 한 혁신시스템의 시계열적 변화를 살펴보는 것으로 귀결되는 한계가 있다. 더구나 혁신에 관계하는 요소가 포괄적이고, 제도와 같이 수리적으로 표현될 수 없는 요소들이 많아 그 비교가 정량적

시스템 이론에 비해 상대적으로 극히 적다고 할 수 있다.

22 비교정태분석(comparative static analysis)은 하나의 균형상태와 다른 균형상태를 비교하여 차이를 분석하는 과정을 의미한다. 현재의 상태를 하나의 균형상태라고 하고, 이상적인 완전경쟁상황을 다른 균형상태라고 하면 이 둘 사이에 어느 정도의 격차가 있는지를 알 수 있고, 어떤 변수를 얼마나 조절하면 완전경쟁상태에 이를 수 있는지도 알 수 있다.

이지 않고, 다분히 정성적인 서술에 의존하게 된다. 따라서 혁신시스템 간 횡단면 비교는 벤치마킹으로, 그리고 혁신시스템의 시계열적 비교는 역사서술의 형태를 취하는 경우가 많다. 이러한 정성적 접근법 자체는 혁신과정을 보다 현실에 가깝게 묘사해 주는 장점이 있지만, 연구자마다 다른 관점을 취하여 서술하기 때문에 단일한 결론에 이르기가 어렵다.

이러한 문제들은 혁신시스템이론이 아직까지 신진이론에 속하기 때문에 발생하는 것으로서, 향후 완전한 정착단계에 들어서면서 모두가 합의할 수 있는 개념적 분류(taxonomy), 방법론적 합의가 성숙될 것으로 기대한다. 우선 현 단계에서 가장 중요한 과제는 개념적 논쟁이 아니라, 많은 실증분석을 축적하는 일이다. 이는 실증분석을 수행하는 과정에서 개념적으로 보다 명쾌해져야 할 부분이 발견될 수 있기 때문이다.

## 토론 주제

1. 정부규제나 사회문화적 관습에 의해 기술진보의 방향 혹은 속도가 달라진 사례를 각각 찾아 정리해보자.

2. 학습자가 잘 알고 있는 지역의 지역혁신시스템적 특징과 해당 지역 내 지배적 산업의 산업혁신시스템적 특징을 몇 가지로 요약하여 제시해보자. 지역혁신시스템과 산업혁신시스템이 어떤 점에서 잘 조화되고, 어떤 점에서는 상충되는지를 살펴보자.

3. 우리나라의 휴대폰 산업과 조선 산업의 혁신활동에서의 특징을 살펴보고, 국가혁신시스템, 산업혁신시스템, 지역혁신시스템이 각각 어떻게 영향을 미치고 있는지 논의해보자.

4. 미국의 실리콘밸리, 인도의 소프트웨어 클러스터, 우리나라의 대덕 클러스터를 간략히 비교하고, 장단점을 논의해보자.

5. 미국, 일본, 중국, 대만, 한국의 국가혁신시스템이 어떻게 다른지를 논한 자료를 찾아보고, 요약한 후 토의해보자.

# 5 기술정책의 근거

기술정책은 사회전체의 기술혁신을 촉진하거나 조절하기 위한 모든 형태의 공적 개입을 일컫는다. 중요한 점은 국가가 어떤 형태로든 민간의 행위에 개입한다는 데 있다. 공적 개입을 정당화하기 위하여 기술정책은 여러 가지 관점에서 개입의 근거를 들고 있다. Metcalfe (1995)의 표현에 따르면 크게 균형론적 접근과 시스템적 접근의 두 가지 관점에서 기술정책의 근거를 찾을 수 있다.

균형론적 접근에서는 기술이라는 재화가 가진 고유의 경제적 특성, 특히 공공재적 속성을 감안할 때 이를 둘러싼 시장이 올바르게 작동할 수 없다고 본다. 이를 시장실패라 하며, 균형론적 접근에서는 기술혁신과 관련된 다양한 주체들의 인센티브 체계를 정책적으로 조정함으로써 시장실패를 치유할 수 있고, 사회적으로 바람직한 수준까지 혁신의 방향과 속도를 조절할 수 있다는 견해를 가지고 있다. 따라서 기술정책은 바람직한 시장균형을 상정하고, 현재의 상태를 변화시켜 이상적인 시장균형상태를 회복해나가는 수단으로 볼 수 있다.

반면 시스템적 접근에서는 기술혁신이 단지 과학기술 활동에서의 문제가 아니라 사회제도와 여러 주체들 간의 상호 관계 속에서 탄생하는 사회적 현상의 하나라는 데 초점을 두고 있다. 혁신이 지체되는 이유는 이러한 혁신시스템이 효율적으로 작동하지 않기 때문이며, 정책은 혁신의 시스템이 더 왕성하게 동작할 수 있도록 시스템 내부의 장애요인을 제거하는 데 주안점을 두어야 한다는 것이다.

이 두 가지 관점은 기술정책의 근거에 서로 다른 논리를 제공하고 있고, 구체적인 정책의 수단과 개입 정도에 대해서도 다른 처방을 제시하고 있다. 일방적으로 어느 하나의 입장이 바람직하다기보다 처한 문제의 종류와 문제를 둘러싼 환경소건에 따라 바람직한 접근방법이 달라진다고 볼 수 있다.

### 5-1 균형론적 접근

수많은 생산자와 소비자가 있고, 정보가 완전하며, 파급효과와 같은 외부성이 없을 때, 적절한 가격체계가 주어지면 경제 내 모든 주체가 자신의 이득을 극대화하기 위해 행동하게 되며, 그 행동들이 모두 모인 결과가 자동적으로 사회적으로 가장 바람직한 상태가 될 수 있다. 이것이 이른바 완전경쟁 상황에서 '보이지 않는 손'에 의해 스스로 조절되는 완전한 시장균형의 모습이다. 기술혁신도 위와 같은 완전경쟁의 조건들이 성립하는 환경에서는 저절로 사회적 최적 수준에

알맞게 공급될 수 있는 경제적 재화의 하나로 볼 수 있다. 그러나 2장에서 논의한 바와 같이 기술혁신에는 본질적으로 계량 불가능한 불확실성이 존재하고, 외부 파급효과가 있기 때문에 민간의 자발적인 의사결정에만 맡겨놓을 경우 사회적으로 바람직한 수준까지 혁신이 일어나지 않게 된다. 따라서 기술혁신과 관련된 시장이 스스로 사회적 최적 수준을 달성하지 못한다는 의미에서, 시장의 실패(market failure)가 있다고 한다.

정부는 시장의 실패를 교정하여 완전경쟁 상태의 성과를 얻고자 노력하게 되며, 이 과정에서 다양한 기술정책을 실시하게 된다. 이러한 의미에서 기술정책은 시장실패를 교정, 보완하는 수단이 된다.

### 1) 시장실패의 원인과 정부개입의 근거

Tassey(1997)는 기술혁신과 관련하여 3가지 주요한 시장실패의 원인으로 불확실성, 외부성, 조정비용을 들고 있다.

불확실성은 성공과 실패의 확률마저 계산할 수 없는 본원적 불확정성으로서 기술적 단계나 시장적 단계 등 혁신의 다양한 단계에서 발생한다. 이러한 불확실성이 존재하면 혁신주체들은 합리적인 의사결정을 할 수 없게 되고, 대체로 투자의사 결정 자체를 미루는 경향이 있다. 그 결과로서 사회적으로 바람직한 수준보다 낮은 수준의 혁신이 일어나게 된다.

외부 기술파급효과는 한 주체의 혁신결과를 다른 주체가 비용을 지불함이 없이 이용하여 편익을 보게 되는 것을 의미한다. 혁신을 위해 투자한 원래 주체의 입장에서는 투자로 인한 모든 편익을 자신이 향유할 수 없기 때문에 혁신의 유인이 낮은 것으로 느끼게 된다. 외부성이 있을 경우에는 자발적으로 일어나는 혁신의 수준이 사회적으로 바람직한 수준에 미치지 못하게 된다.[23]

3장에서 논의한 사적 수익률과 사회적 수익률의 개념을 이용하면 외부 파급효과와 관련한 정책적 지원의 타당성 문제를 쉽게 판단해 볼 수 있다. 각 프로젝트별로 두 가지 수익률의 조합을 판단하기 위해 두 수익률을 축으로 그림을 그리면 다음과 같이 표현할 수 있다.

**[그림 5-1] 사적 수익률과 사회적 수익률의 비교**

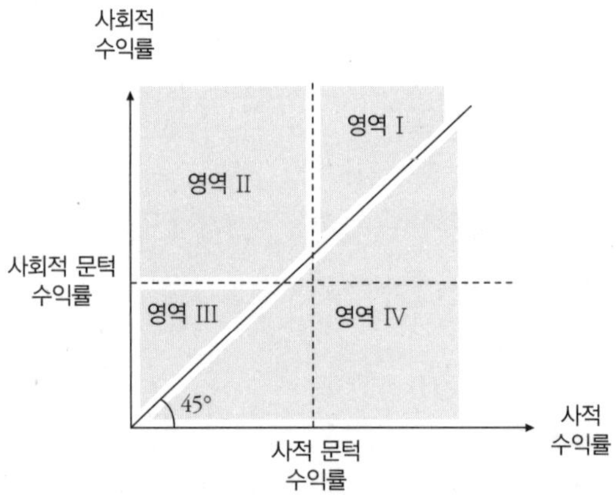


23 외부성의 특수한 형태로 네트워크 외부성은 최근 정보통신의 발달과 함께 많은 관심의 대상이 되고 있다. 네트워크 외부성은 해당제품의 사용자수가 많아지면 많아질수록 네트워크에 참여한 주체들의 편익이 커지는 현상을 의미하는 것으로서 온라인 게임의 경우를 생각해보면 쉽게 이해할 수 있다. 온라인 게임에서 게임 참여자의 수가 많아질수록 다양한 전략과 연합이 가능해져 게임이 더 재미있게 되기 때문에, 새롭게 게임에 참여하고자 하는 사람은 가능하면 참여자가 더 많은 게임네트워크에 가입하고자 한다. 이러한 네트워크 외부성이 존재할 때는 일정규모이상(critical mass)의 가입자를 넘기게 되면, 네트워크 자체

그림에서 문턱수익률(threshold rate of return)이란 그 수준 이상의 수익률이 보장될 때 투자가 이루어질 수 있는 최소한의 수익률 수준을 나타낸다. 실선으로 표시된 45도선은 사적 수익률과 사회적 수익률이 같은 조합을 의미한다. 그림에서 영역 IV에 속한 프로젝트들은 사적수익률이 사회적 수익률보다 크기 때문에 정부지원의 타당성이 크지 않다고 할 수 있다. 영역 III의 프로젝트들은 사회적으로나 사적으로나 수익성이 낮기 때문에 지원할 필요가 없다. 영역 I은 사회적 수익률이 사적 수익률보다 크기 때문에 지원의 타당성이 있다고 할 수 있으나 사적 문턱 수익률을 넘기 때문에 지원하지 않아도 민간이 스스로 투자할 의지가 있는 영역이라고 볼 수 있다. 그러나 이러한 과제에서도 만약 두 수익률 간 차이가 클 경우에도 사회적 파급효과를 누리기 위해 정부가 지원하는 것이 타당할 수도 있다. 마지막으로 영역 II에 속한 프로젝트들, 즉 민간이 스스로 투자할 유인은 느끼지 못하지만 개발될 경우 사회적으로는 큰 편익이 있을 수 있는 것들이 주로 정책적 지원의 대상이 된다고 할 수 있다.

일반적으로 많은 기술혁신투자의 경우 파급효과로 인해 사회적 수익률이 사적 수익률을 상회하지만, 그 정도는 투자의 종류와 산업, 국가별로 다르게 나타난다.

---

가 스스로 성장하는 힘을 갖게 되고, 그 반대로 일정규모 이하의 규모에서는 아무리 좋은 혁신이라도 사회 속에서 받아들여지지 못하는 현상이 발생한다. 네트워크 외부성이 있을 때는 사회적으로 바람직한 혁신을 가속시키기 위해서 혹은 사회적으로 열등한 기술의 확산을 차단하기 위해서 정부가 적절한 수단을 통해 개입할 수도 있다.

**| 기술혁신투자의 사적 수익률과 사회적 수익률의 추정사례 |**

Griliches(1995)는 당시까지의 기술혁신 투자 수익률 조사사례를 종합하여 다음과 같은 표를 제시하였다. 표에 나타난 바와 같이 일반적으로 사회적 수익률이 사적 수익률보다 높게 나타남을 알 수 있다.

| 연구사례 | 사적수익률(%) | 사회적수익률(%) |
|---|---|---|
| Minmasian (1962) | 25 | - |
| Terleckyi (1974) | 27 | 48~78 |
| Mansfield (1977) | 25 | 56 |
| Swekauskas (1981) | 10~23 | 50 |
| Scherer (1982, 1984) | 29~43 | 64~147 |
| Bernstein and Nadiri (1988) | 9~27 | 10~160 |
| Goto and Suzuki (1989) | 26 | 80 |
| Bernstein and Nadiri (1991) | 14~28 | 20~110 |
| Nadiri (1993) | 20~30 | 50 |

조정실패 역시 시장실패의 중요한 요소로서 각 혁신주체들이 생산사슬로 연계되어 있을 때 이들 상호 간의 이해가 원만히 조합되지 못하는 경우를 의미한다. 예를 들어 상하류 기업이 연계되어 있을 때 상류기업은 하류기업이 더 많은 혁신을 해줄 것을 기대하지만, 하류기업은 역으로 상류기업에 더 많은 기대를 하고 있을 수 있다. 이와 같은 상황에서 산업 전체에 필요한 혁신이 부족하게 될 수 있다. 이러한 조정실패는 특히 기업들 간의 전략적 행동이 두드러질 경우 흔히 나타난다.

요약하면 균형론적 접근은 정보가 완전하고, 외부성이 없으며, 완전한 경쟁이 있을 경우 시장이 스스로 사회적으로 바람직한 균형을 찾아 자원을 배분할 것이란 믿음에 근거하고 있다고 하였다. 그러나 앞서 논의한 여러 가지 원인 때문에 시장이 실패할 수 있기 때문에 정부는 적절한 방식을 통해 시장에 개입하게 된다. 개입의 목표는 시장의 기능을 보완하여 사회적으로 바람직한 균형상태를 얻는 데 있다.

이상과 같이 간단히 살펴볼 때 균형론적 관점에서의 정부개입은 그 논거가 분명하고, 이해하기 쉽다는 장점을 가지고 있다. 그러나 몇 가지 핵심가정에서나 실행의 관점에서 보면 생각해볼 문제가 적지 않다. 첫째, 설사 시장실패가 있다고 하더라도 정부개입이 시작되고 나면 상황 자체가 달라지기 때문에 시장실패가 교정되기보다 또 다른 시장실패 상황으로 전환될 가능성이 적지 않다. 즉 정부의 개입과 그 효과는 동태적으로 진행되는 데 반해 시장실패의 논리 자체가 정태적인 관점에 기반하고 있으므로, 분석대상과 분석틀의 속성이 서로 조응하지 않는다고 할 수 있다. 둘째, 정부가 적재적소에 적정한 수준으로 개입하기 위해서는 시장실패의 원인과 정도를 정확히 파악할 수 있어야 하는데, 기술발전의 양상이나 기업의 의사결정과정에 대해 민간만큼 정보가 충분하지 않은 상황에서 합리적인 개입이란 것이 원천적으로 불가능한 과제일 수도 있다. 셋째, 가장 근본적으로는 완전경쟁시장의 조건이 현실의 어떤 상황에서도 성립할 수 없는 이상적인 상태이기 때문에 개입을 통해 완전경쟁시장의 균형으로 다가가고자 한다는 구상 자체가 실체가 없는 신기루를 쫓는 것과 같은 모습이 될 수도 있다.

그럼에도 불구하고 기초원천기술의 개발이나 인적자원의 육성과 같이 시장실패가 너무나 명백한 분야에서는 균형론적 접근이 정부 개입의 강력한 논거를 제공하고 있다.

### 2) 기술정책의 형식

균형론적 관점에서의 정책적 개입은 (i) 시장실패 영역의 식별, (ii) 시장실패의 원인 분석, (iii) 시장실패 원인에 대응하는 정책대안 식별, (iv) 시행 및 정책성과 평가의 흐름에 따라 이루어진다. 구체적인 정책적 개입의 방식은 시장실패의 원인과 정도에 따라 달라진다.

불확실성이 시장실패의 원인이 될 경우 불확실성 자체를 없애거나 경감시키는 정책 혹은 불확실성에 수반된 위험을 공유하는 정책들을 펼 수 있다. 예를 들어 시장의 전망이 극도로 불확실한 경우 정부는 여러 기관단체를 통해 시장과 관련된 정보를 취합하여 제공하는 등의 일을 할 수 있고, 정부가 수요자로 나서 물건을 구매하여 시장불확실성 자체를 없애는 일을 할 수도 있다. 개발과 관련된 과학기술적 불확실성이 커서 기업들이 선뜻 혁신에 나서지 못하는 것으로 판단되면, 정부는 자금을 지원하여 연구개발 활동을 보조하거나, 정부출연 연구소를 통해 기술을 개발하고, 그 결과를 민간 기업으로 전수해줄 수 있다.

그밖에 파급효과가 크게 발생할 경우 연구개발에 필요한 자금을 보조해줌으로써 기업의 혁신 유인을 높일 수 있다. 또 특허제도를 강화하여 기술개발자가 파급효과로 인한 효과의 상당부분을 직접 수익으로 거두어갈 수 있도록 보장하기도 한다.

기업들 간의 역할 조정이 필요한 경우, 공동연구개발활동을 지원하거나, 협의회 등을 운영하여 상호 이해를 조율해나가도록 계기를 제공할 수도 있다. 이밖에 많은 시장실패를 치유하는 정책대안들이 개발 활용된 바 있다.

## 5-2 시스템적 접근

시스템적 접근에서는 경제, 사회, 정치, 조직, 제도 및 기타 모든 요소들이 혁신의 생성, 확산, 활용 전반에 영향을 미친다는 사실을 감안하여 기술정책을 디자인할 때도 과학기술 자체의 활동만이 아니라 이를 둘러싼 제반 제도적 환경을 아울러 고려한다(Edquist, 1997).

일반적으로 혁신이란 신제품 개발이나 새로운 공정의 개발 등 표준화된 모습으로 나타나기도 하지만, 조직을 바꿈으로써 새로운 변화가 유도되기도 하고, 제도를 바꿈으로써 새로운 생산관계가 형성되기도 한다. 또한 혁신에 오랫동안 투자하였다고 하더라도 상당한 시간이 경과한 후 갑자기 성과가 나타나는 경우도 있다. 한편 앞선 혁신의 결과물이 뒤이어 따라올 혁신의 형태와 방향을 어느 정도 결정하는 경로의존성을 띠기도 한다. 시스템적 접근은 기술혁신과 연관된 제 요소들을 포괄적으로 고려하기 때문에 이상과 같은 혁신의 비정형성을 비교적 현실에 맞게 잘 설명하는 장점을 가지고 있다.

기술정책을 고민하는 데 있어서도 앞서의 균형론적 접근에서 취한 시장실패 논리와 달리 시스템실패의 논리를 내세우게 되고, 정책의 구체적인 모습도 특정한 기술을 선택하여 지원하는 방식보다 시스템의 여러 구성요소를 강화하는 방향으로 형성된다.

기술혁신시스템이 건강하게 작동한다는 것은 새로운 아이디어가 끊임없이 실험되고(variety creation), 우수한 혁신결과가 성공적으로 채택되는 과정(selection of the best)이 원활하게 진행되는 것을 의미한다. 혁신시스템적 관점에서의 정부개입은 이러한 혁신과정이 원활하게 이루어질 수 있도록 환경 혹은 틀(framework)을 조성하는 데 목적이 있다. 이러한 의미에서 과정중심적(process-oriented) 정부개입이라 할 수 있다. 반면 완전경쟁시장의 회복을 목표로 하는 균형론적 접근은 상태중심적(state-oriented) 정부개입이라 할 수 있다.

### 1) 시스템실패와 정부개입의 근거

혁신시스템에 근거한 정책은 시스템의 작동이 원활하지 않을 때 이를 보완하기 위하여 취하는 일련의 행동을 말한다. 즉 시스템실패로 일컫는 요소가 발견될 때 이를 교정하는 수단이다. Woolthuis, et al.(2001)를 비롯하여 여러 연구자들에 의해 언급된 시스템실패의 원인들은 혁신시스템의 구성요소를 감안할 때 크게 다음의 4가지로 나뉠 수 있다.

첫째, 기업을 포함하여 대학, 공공연구소 등 각 혁신주체의 기술혁신 역량이 부족한 경우(주체의 역량부족), 둘째, 혁신주체 간의 연계가 충분하지 않거나 반대로 지나치게 과도하게 연계되어 있어 개방성이 떨어지는 경우(연계 미비), 셋째, 혁신과 관련하여 법, 규제 및 기타 사회적, 경제적, 정치적 제도가 존재하지 않거나, 일관되지 않거나, 혹은 안정성이 떨어지는 경우(불완전한 제도), 넷째, 대학, 연구소 등 지식 인프라를 담당하는 기관이 충분히 발달해 있지 않거나, 정보통신 시스템 등 지식공유 인프라가 충실히 갖추어져 있지 않은 경우(지식

인프라 미비)가 있을 수 있다.

추가적으로 혁신시스템의 특성에서 논의하였던 바와 같이 혁신은 경로의존성을 갖는 경우가 많은데, 지나치게 과거의 경로에 얽매여 있는 경우 새로운 기술적 발전의 패러다임을 따라가지 못하는 상황이 발생할 수 있다. 이를 전이의 실패라 하며, 별도의 시스템실패의 원인으로 보는 경우도 있다(Woolthuis et al., 2001).

이와 같은 시스템실패 요인들이 있으면, 혁신시스템이 원활하게 작동하지 못하며, 혁신에 아무리 많은 자원을 투입하더라도 그 성과가 기대에 미치지 못하게 된다.

**| 시스템실패와 정책처방의 조화: 네덜란드의 사례 |**

Woolthuis, et al.(2005)는 혁신정책을 분석하기 위해 시스템실패의 원인과 혁신주체로 구분한 다음의 그림을 제시하고 네덜란드의 두 가지 혁신정책 사례에 대하여 평가하였다.

| | | 혁신주체(주체의 부재 혹은 역량미비) | | | |
|---|---|---|---|---|---|
| | | 수요<br>(일반소비자 및 기업) | 기업<br>(대기업, 다국적기업, 중소기업, 벤처기업) | 지식기관<br>(대학, 연구소) | 제3자<br>(은행, 벤처캐피탈 중개기관, 컨설팅기관, 협회단체) |
| 혁신 시스템 실패 원인 | 하부구조의 실패 | | | | Overnight Express (실패원인) |
| | 제도실패<br>(유형적 법제도 및 무형적 관행, 가치) | | ECP.nl(실패원인=정책처방) | | |
| | 네트워크실패<br>(지나치게 약한 혹은 강한 네트워크) | | Overnight Express (정책처방) | | |
| | 역량실패 | | | | |

Woolthuis et al.은 1994~2002년간 진행된 12개 클러스터형 혁신 프로젝트 중 2개의 대표적인 사례를 제시하였다. 첫 번째 정책사례는 ECP.nl로

서 전자상거래를 활성화하기 위한 '전자상거래기반구축사업(E-Commerce Platform Nederland : ECP.nl)'이다. 전자상거래가 활성화되기 위해서는 자료를 공유하기 위한 표준적인 방식에 대해 합의된 기준이 필요하고, 관련 법제가 정비되어 있어야 한다. 이를 감안한다면 혁신시스템의 실패는 주로 제도실패(institutional failure)의 형태로 나타나며, 수요자를 비롯하여 기업, 정부 등 거의 모든 혁신주체가 협의해야 하는 과제임을 알 수 있다. 그림에서 제시된 바와 같이 실제로 진행된 정책과정에서 각종 전문가 워킹그룹이 형성되었고, 서로 다른 주체들간의 소통을 원활하게 하기 위한 많은 모임이 조직되었다. 그 결과 초기 30여 개에 불과하던 모임이나 조직이 2002년에 이르러 200여 개에 이르는 등 상당한 수준으로 활성화되었고, 그 성과도 성공적인 것으로 판명되었다. 이 사례는 시스템 실패의 원인과 정책처방이 일치한 사례로 볼 수 있다.

두 번째 정책사례는 네덜란드와 이탈리아 간 화물철도 연계운송체계를 형성하기 위한 '특급열차(Overnight Express)프로젝트'다. 이 과제의 핵심은 철도가 여러 나라를 통과하기 때문에 각 국경 간 통관절차를 간소화하는 것이었다. 또한 여러 국가들에서 대체로 화물에 비해 승객용 열차를 우선시하기 때문에 이를 감안하여 적절한 배차간격 및 운송속도를 어떻게 유지할 것인가가 중요한 과제였다. 이를 시스템실패의 관점에서 보면 위의 그림에서 점선으로 표시된 것처럼 인프라의 실패이자 제도의 실패로 판단된다. 또한 혁신 주체의 관점에서 보면 각국 정부 및 관련 단체가 개입되어야 하는 과제임을 알 수 있다. 그러나 실제 정책집행 과정에서는 네덜란드 국내에서 철도 연계운송시스템을 이용하게 될 기업들을 중심으로 논의를 전개하였다. 따라서 프로젝트 자체에 대해서 참가자들이 당연히 열렬한 지지를 보냈지만, 각국간 협의가 진행되지 않았기 때문에 진전을 보지 못하였다. 결국 과제에 착수한 지 1년 6개월 만에 별다른 성과 없이 종료되고 말았다.

이 성공 및 실패 사례는 혁신시스템 실패의 원인과 정책처방이 서로 조화되지 못할 경우 혁신정책이 애당초 기대한 성과를 거둘 수 없을 것이란 점을 잘 보여준다. 또한 비록 사후적으로 설명된 사례이기는 하나 혁신시스템 이론이 정책의 성공과 실패를 미리 가늠할 수 있게 하고, 나아가 설계하는 데 큰 도움을 주는 실용성이 있다는 점을 잘 보여준다.

### 2) 기술정책의 형식

시장실패와 마찬가지로 시스템실패도 각 원인별로 정책적 방안을 짝지을 수 있다. 먼저 각 주체의 역량이 부족한 경우 정부의 직접적인 지원이나 조세지원 등 간접적인 방법을 통해 혁신역량을 인위적으로 보강해나갈 수 있다. 연계가 약한 것으로 판단될 경우에는 산학연 공동연구 등 연계를 촉진하기 위한 정책을 펴나갈 수 있고, 연계가 지나치게 강한 경우 정보교류 등을 활성화하여 기존 연계 이외의 가능성을 보여주는 등의 정책을 시행할 수 있다.

제도적 환경이 미비한 것은 혁신시스템에서 가장 중요시하는 시스템실패 요인이다. 이는 명시적, 묵시적 제도들이 혁신주체들이 느끼는 혁신유인의 강도를 결정하기에, 제도들이 올바로 형성되어 있지 않다면 필요한 혁신이 일어나지 않기 때문이다. 또한 제도는 다양한 혁신 아이디어를 제한 없이 많이 제기할 수 있도록 하고, 이 가운데 가장 바람직한 혁신 선택의 매커니즘을 결정하기 때문에 혁신의 진화적 발전과정에서 핵심적인 역할을 수행한다. 제도적 환경의 문제는 혁신과 관련한 특정한 문제에 대해 제도가 존재하지 않거나 불확실성이 큰 경우에 발생할 수 있고, 이 경우 관련 당사자들 간의 긴밀한 합의를 유도하여 제도를 만들거나 그 내용을 분명하게 할 필요가 있다. 또한 제도가 존재하지만, 상호 일관되지 않을 경우도 문제가 생길 수 있는데, 이 경우 혁신을 유도하는 데 도움이 되는가를 기준으로 상충되는 부분을 제거해나갈 수 있도록 합의를 이끌어나가는 것이 중요하다.

**| 경제제도가 간접적으로 혁신에 영향을 미치는 예 |**

"공정거래위원회가 기업들의 기술개발 등 원가절감 노력을 원천 봉쇄할 수도 있는 법령을 추진 중인 것으로 밝혀져 논란이 일고 있다. 5일 재계와 공정위에 따르면 공정위는 지난달 13일 시장지배적 사업자의 가격남용행위 판단 기준을 강화한 '독점규제 및 공정거래에 관한 법률(공정거래법)' 시행령 개정안을 입법예고한 뒤 이달 3일 의견 수렴절차를 마친 것으로 확인됐다. 개정안에 따르면 시장점유율이 높은 기업은 기술개발 등을 통해 원가(비용)를 절감할 경우 기존 상품 가격을 올리지 않고 그대로 유지만 해도 공정위의 제재를 받을 수도 있다. 재계는 "시장원리에 정면으로 배치되는 포퓰리즘(대중영합주의)적인 개악(改惡)"이라며 반발하고 있다. 공정위가 '보완'하겠다는 현행 공정거래법 시행령 제5조는 주로 시장지배적 사업자가 제품 가격을 지나치게 올리는 경우를 제재하는 데 초점이 맞춰져 있다. 하지만 공정위는 기업이 생산 원가를 절감할 경우 기존 상품 가격을 그대로 유지만 해도 제재를 가할 수 있도록 하는 조항(제1항)을 추가했다. 또 제품 가격이나 이익률이 같은 업종의 '통상적인 수준'보다 '현저히' 높을 때도 제재하겠다는 조항(제2항)을 신설했다. 공정위는 규제개혁위원회와 법제처 심사 등을 거쳐 11월 4일 이 개정안을 시행할 예정이다. 기업들은 개정안에 대해 기업의 상품 가격과 이익률을 정부가 직접 통제하겠다는 게 아니냐는 의구심을 떨치지 못하고 있다. 한 경제단체 관계자는 "개정안은 세계무대에서 치열한 생존 경쟁을 벌이는 우리 기업의 손발을 묶을 가능성이 높다"고 비판했다. 공정거래 전문 변호사는 "'현저하다'거나 '통상적'이라는 모호한 표현으로 행정 관청의 자의적인 재량이 커질 수 있다는 점도 문제"라고 지적했다. 일부 정부 부처에서도 당혹스러운 기색이 역력했다. 개정안을 검토한 한 정부부처 공무원은 "처음 시행령 개정안을 받아 봤을 때 숨이 턱 막혔다"며 "가격을 올리지 않아도 비용만으로 가격의 적정성을 판단하겠다는 것인데, 이는 기업의 원가절감 의지를 꺾게 될 것"이라고 말했다. (중략) 더욱 큰 문제는 개정안이 기업들의 미래 성장 동력 확보 의지를 꺾을 수 있다는 점이다. 한 경제단체 관계자는 "기업이 신사업이나 신제품 개발에 성공하더라도 일정 기간 시장에서 지배력을 갖고 투자금을 회수할 수 없다면 새로운 도전이나 모험을 할 이유가 없다"고 지적했다. (하략)"

출처: 동아일보 (2007. 9. 6.)

인프라가 미비할 경우에는 대체로 정부가 직접 공급자로 나서거나 공급을 담당한 주체에게 보조금을 지급하는 등의 조치를 취할 수 있다. 전이의 실패는 특히 사회경제적 인프라 전체가 모두 바뀌어야 하는 기술변화가 있을 때 기존 시스템에 매몰되어 새로운 시스템으로 옮겨가지 못하기 때문에 발생하며, 강력한 비전, 리더십을 전제로 이해당사자 간의 구속력 있는 합의를 도출하는 것이 중요하다.[24]

혁신시스템적 관점에서 정책을 수행한다고 할 때 가장 중요한 고려사항은 기술정책 스스로가 진화적 관점에서 수립, 시행되어야 한다는 점이다. 그 이유는 첫째, 기술정책의 대상인 혁신시스템 자체가 복잡한 상호작용 끝에 늘 변화하고, 시스템실패 요인 역시 그 양상과 정도가 항상 변화하기 때문이다. 이러한 의미에서 혁신시스템적 관점에서의 기술정책은 '움직이는 과녁'을 향해 총을 쏘는 것과 같은 셈이다. 둘째, 정책은 대상에 영향을 주어 원하는 방향으로 유도해가는 행위인데, 기술혁신시스템적 관점에서는 혁신과정의 복잡성 때문에 정책의 경로를 사전적으로 정확히 파악하는 것 자체가 불가능하다고 보고 있다. 이런 의미에서 기술정책은 '모호한 과녁'을 조준하는 것과도 같다고 볼 수 있다. 셋째, 기술정책을 수립, 시행하는 정책입안자(정부)

---

24 전이의 실패는 특히 각종 제도와 인프라, 각 주체의 비전이 함께 바뀌지 못할 경우에 생긴다. 예를 들어 아날로그 TV 방식에서 디지털 TV로 전환하는 문제를 생각해보면, TV생산방식, 전송시설 및 프로그램 제작방식의 변화와 함께 저소득계층에 대한 전환지원 등 여러 가지 사회정책이 동시에 진행되어야 성공적인 전환이 이루어질 수 있다. 특히 인프라의 변화를 수반하는 기술혁신의 경우 전이 실패가 발생할 가능성이 크다. 최근 논의가 활발한 수소경제의 경우도 성공적인 전환이 이루어지기 위해서는 수소저장소나 운송방법을 포함하여 많은 물리적, 제도적 변화가 수반되어야 한다.

가 현 시점에서의 완전한 정보와 미래 시점에 대한 완전한 예측을 가지고 있지 못하기 때문에 어떤 정책적 수단이 가장 높은 성과를 내는지를 파악하기가 어렵고, 정부 스스로 정책실패의 가능성을 항상 안고 있다. 이는 '명중률이 정확히 알려져 있지 않은 총'으로 겨냥을 하는 것과 같은 셈이다.

그럼에도 불구하고 시스템이 결과적으로 원활히 작동하고 있지 않음을 확인했고, 대체적인 시스템실패의 원인을 파악했다면, 정책적 개입의 타당성은 여전히 존재한다고 할 수 있다. 그러나 개입의 타당성이 있다고 하더라도, 앞서 논의한 바와 같은 문제점을 염두에 둘 때 기술정책은 결과가 아니라 혁신의 '과정'이 원활하게 이루어질 수 있도록 환경(framework)을 조성하는 데 치중할 필요가 있다. 또한 접근방법에서도 한 번에 정확히 목표를 달성하고자 하는 것이 아니라 단계별로 개입의 형식과 정도를 변화시켜가면서 목표에 접근해가는 진화적 양식으로 진행되어야 한다. 즉 목표가 끊임없이 변화하기 때문에, 한 번의 사격 후 평가하고 그 결과에 따라 조금씩 조준을 옮겨가는 방식이 바람직하다고 할 수 있다. 따라서 혁신시스템적 관점의 기술정책 프로세스에서는 사후 정책효과평가(policy evaluation)가 무엇보다 중요한 의미를 갖는다.

## 토론 주제

1. 기술혁신과 관련하여 시장실패와 시스템실패의 사유를 정리하고 사례를 하나씩 찾아보자.

2. 우리나라에서 시행되고 있는 기술정책의 사례를 하나 들어보자. 이 정책이 균형론적 관점 혹은 혁신시스템적 관점 중 어느 측면에서 근거를 찾을 수 있는지 논의해보자.

3. 많은 혁신적인 아이디어를 가진 벤처기업 중 소수만이 시장에서 살아남는 '선택'을 받는다. 어떤 벤처기업이 선택되는지 선별 매커니즘을 생각해보고, 어떤 매커니즘이 바람직할 것인지 생각해보자. 또 현재 우리나라의 벤처선택 매커니즘이 얼마나 이상적인 상태에 가까운지를 생각해보자.

4. 핀란드, 스웨덴 등 최근 혁신정책으로 각광받고 있는 국가들의 혁신정책 사례를 하나 찾아보자. 이 정책의 혁신시스템적 근거와 정책방안의 조합이 어떻게 이루어졌는지를 설명해보자.

# 6 과학정책, 산업(기술)정책, 혁신정책의 관계

기술이 국가발전의 기본이라는 인식을 가지고 국가가 다양한 정책으로 기술혁신을 진작하고자 노력하기 시작한 것은 멀리 보면 인류가 문명을 시작한 것과 때를 같이 한다. 비록 그 명칭이 '국가'가 아니었다고 하더라도, 국가의 기능을 하는 수준에서 기술정책을 실시했던 사례는 무수히 많이 찾아볼 수 있다. 어떤 이유로든 기술경쟁력을 확보한 문명 혹은 국가가 그렇지 못한 문명과 국가를 굴복시키고, 새로운 시대를 열어가는 과정이 인류발전의 역사라고 해도 과언이 아니다.

**| 로마의 지배를 지탱한 기술적 우위 |**

"(전략) 강행군으로 목적지에 도착한 카이사르는 되도록 빨리 이 도시를 공략하고 싶었지만, 패주해온 벨기에 전사들은 이미 성 안으로 들어가버린 뒤였다. 이제는 공성전을 각오할 수밖에 없었다. 하지만 느긋하게 공방전을 벌이고 있을 여유가 없었다. 카이사르는 로마인이 가진 기술력을 활용하기로 했다. '비네아'라고 불리는 병기는 길이 4미터, 너비 2.5미터, 높이 2미터의 바퀴 달린 이동식 전차다. 지붕은 불화살을 맞아도 타지 않도록 물을 뿌린 가죽이나 헝겊을 덮는다. 이동할 때는 비네아 안에 들어가 있는 병사들이 걸으면서 움직인다. 이렇게 하면 안전하게 적에게 접근할 수 있다. (중략) '투레스 모빌레스'(이동탑)라고 불리는 공성기도 준비되었다. 이름 그대로 이동식 탑인 이 병기는 성벽과 거의 같은 높이에 이르는 것으로, 병사들이 층층대를 타고 위로 올라가도록 되어 있다. 이같은 공성용 병기들은 벨기에인들에게는 난생 처음 보는 것들이었다. 그처럼 크고 무시무시한 병기를 순식간에 만들어내는 로마인의 기술력에 그들은 압도당하고 말았다. (중략) 항복 사절이 카이사르를 찾아온 것은 공성용 병기가 아직 완전히 준비되지도 않았을 때였다. (후략)"

출처: 시오노 나나미 (1996)

과학기술이 국가의 흥망을 좌우하였기 때문에 시대를 막론하고 과학기술의 중흥을 위해 지배자들이 노력해온 것은 너무 당연하다. 그러나 국가가 본격적으로 기술혁신 진흥을 명시적으로 목표로 내걸고 여러 가지 정책을 펼쳐 나간 것은 16~17세기 과학혁명과 연이은 산업혁명을 겪으면서였다. 이 시기 이후 과학기술의 잠재적 가능성이 폭발적으로 분출됨과 동시에 중상주의, 제국주의의 물결과 맞물려, 모든 국가가 앞장서서 기술을 개발하고, 기술자를 유치하며, 산업을 육성하기 위해 진력을 다하게 되었다.

그러나 기술혁신을 진작하고자 하는 여러 가지 정책들이 과학정책, 산업기술정책, 혁신정책 등 다양한 이름으로 불려오고 있고, 이들 간에 혼란이 있는 것이 사실이다. 흔히 미국의 NSF(National Science

| 기술정책의 초기 사례 |

(사례 1) 16세기 초 영국의 헨리 8세는 프랑스와의 전쟁을 승리로 이끌기 위해 철(iron)을 재료로 하는 대포생산 기술 개발에 주력하였다. 당시를 지배하던 동(bronze) 재료 대포는 값이 너무 비쌌기 때문이다. 이 계획은 영국이 철광석이 풍부하였고, 가열에 필요한 목재를 쉽게 구할 수 있었기 때문에 성공적으로 진행되었다. 또 다른 성공요인은 대륙 특히 프랑스로부터 종교의 박해를 피해 이주해온 제련 전문가들이 있었기 때문이었다. 뉴브리지에 있던 왕립제련공 단체장 리빗(William Leavitt)이 프랑스를 포함하여 당시 유럽 여러 나라에 흩어져 있던 전문가들을 컨소시엄 형태로 구성, 초청함으로써 조직적으로 기술개발이 추진될 수 있었다. 이 과정에서 오늘날에도 찾아볼 수 있는 많은 기술정책 수단들이 활용되었다. 대표적으로 우수기술자에 대한 우호적인 이민정책이 시행되었고, 경쟁정책과 지적재산정책도 이 산업에 대해서만은 예외적으로 '변형'되어 적용되었다. 일단 산업이 궤도에 오르고 여러 기업들이 생산, 수출할 수 있는 역량을 갖게 되자, 호그(Ralph Hogge)라는 생산자에게만 생산의 독점적 권리를 부여하기도 하였다. 기술전문가들이 대륙으로 이전하는 것을 법으로 금하였고, 수출허가제도를 적용하여 신교도 국가들만 이 기술에 접할 수 있도록 수출지역 자체를 통제하기도 하였다. 여기에 더하여 새로운 기술이 계속적으로 발전할 수 있도록 정부구매정책도 전략적으로 활용되었다.

(사례 2) 19세기 중엽, 덴마크 경제는 영국에 대한 곡물수출에 절대적으로 의존하고 있었다. 덴마크산 호밀(rye)은 당시 영국사회의 근간인 마차운송 시스템을 뒷받침하는 중요한 원료였다. 그러나 1870년대 해상운송기술의 발달에 힘입어 러시아와 미국이 싼 운송비용을 바탕으로 호밀시장에 경쟁자로 등장하게 되었다. 가격이 갑작스럽게 폭락하기 시작하였고, 호밀을 재배하던 덴마크 농부들은 경쟁력을 상실하기 시작하였다. 이른바 농업위기(agricultural crisis)가 덴마크 경제를 짓누르게 된 것이다. 이 당시에도 일부 영지(manor)로부터 생산된 버터 등 일부 낙농품이 적게나마 수출되고 있었다. 그러나 가장 큰 문제는 생산품의 품질이 균일하지 않다는 것이었다. 결국 표준화(standardization)를 달성할 수 있는가가 호밀주도 경제에서 낙농품주도 경제로 넘어갈 수 있는지를 가늠하는 중요한 시금석이 되었다. 표

준화에서 가장 중요한 기술적 과제는 우유의 가공단계에 있었다. 우유로부터 지방을 분해하는 분해기(separator)는 비록 스웨덴에서 개발되었으나 덴마크 낙농산업에서 처음 활용되었다. 그러나 사실 가장 중요한 변화는 기술 분야에서가 아니라 사회체제에서 일어났다. 당시 철학자이자 국가주의자였던 그룬트비히(Grundtvig)이라는 성직자가 덴마크 농업의 생산체제를 바꾸는 데 결정적인 기여를 했다. 그는 전국을 돌아다니면서 강연과 저술을 통해 농업인들이 교육받아 깨우치고, 운명을 스스로 개척해나가는 책임감을 가질 것을 역설하였다. 이러한 열정에 힘입어 아주 짧은 시간에 농업학교가 전국에 확산되었다. 경제적 필요성까지 합쳐져서 농부들이 낙농가공공장을 중심으로 공동소유 협동단지를 속속 결정하게 되었다. 협동단지의 특성상 신기술이 급속하게 전파될 수 있었고, 표준화도 쉽게 달성되었다. 그 결과 불과 3개에 불과하던 협동단지가 1880년대가 되자 700개로 늘어났다. 1850년에서 1900년대에 이르는 기간 동안 영국에 대한 덴마크의 버터수출비중이 0퍼센트에서 60퍼센트까지 급증했다. 이러한 변화과정에 정책이 중요한 역할을 하였음은 물론이다. 1856년 코펜하겐 농업대학(The Agricultural Univer-sity in Copenhagen)이 설립되었고, 낙농분야 기술확산 및 지원을 전문화하기 위해 농업연구소(Agricultural Research Laboratory)가 1883년 설립되었다. 국가주력산업의 성공적인 전이에 해당하는 이 사례는 기술적 혁신과 사회적 혁신의 상호관계, 정부에 의한 공적 개입과 비정부적 활동의 혼합을 잘 보여주고 있다.

출처: Lundvall and Borras (2005)

Foundation)나 우리나라 과학기술부의 정책이 기술정책이라고 주장하는 경우도 있고, 기업을 대상으로 기술개발자금을 지원하는 행위에 한정하여 기술정책을 논하는 경우도 있다.

아래에서는 Metcalfe(1995), Lundvall and Borras(2005) 등의 논의를 참조하되, 조금 변형하여 과학정책(science policy), 산업정책(industrial policy), 산업기술정책(industrial technology policy), 혁신정

책(innovation policy)을 각각 살펴보고자 한다. 우선 이들 정책간의 차이를 그림으로 간략히 나타내면 다음과 같다.

[그림 6-1] 과학정책, 산업기술정책, 산업정책, 혁신정책의 관계

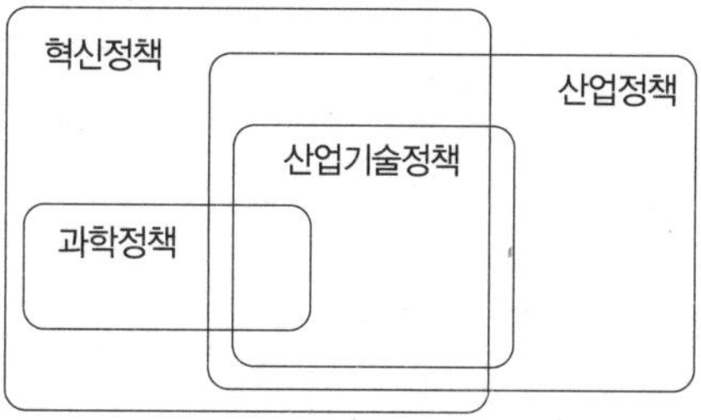


그림에서 나타낸 것과 같이 과학정책은 가장 협소한 의미의 기술정책으로서 주로 과학기술 활동에 초점을 둔다. 반면 반대의 극단에서 혁신정책은 기술혁신에 영향을 미칠 수 있는 거의 모든 사회, 경제적 제도의 문제를 포괄적으로 다룬다는 점에서 가장 넓은 의미의 기술정책이라고 할 수 있다.

## 6-1 과학정책

2장에서 논의된 혁신모형 중 선형적 모형을 다시 되새겨보면 과학적 측면에서 기초적인 기술진보가 이루어지면, 이를 이용하는 상업적 개발이 뒤따르게 되고, 그 결과가 시장성과로 이어지게 된다. 가장 대표적인 경우가 기술주도형 혁신모형이라고도 할 수 있다. 이러한 개념에 의하면 과학적 진보를 달성하기 위해 국가적으로 얼마나 충분히

투자할 수 있는가가 정책의 중요한 관심사라 할 수 있다. Lundvall and Borras(2005)에서 언급된 바와 같이 제2차 세계대전 전후, 그리고 냉전기를 거쳐 오늘날에 이르기까지 미국 기술정책의 큰 흐름을 이루는 것은 이러한 기술주도형 사고에 입각한 과학정책(science policy)이라 할 수 있다.

과학정책의 논거는 대체로 균형론적 관점의 시장실패 이론에서 쉽게 찾을 수 있다. 즉, 과학기술, 특히 기초과학은 통상 불확실성이 크고, 사회적 파급효과가 크며, 일정규모 이상의 누적적 투자가 요구되는 규모의 경제성을 가지고 있다. 따라서 민간의 자발적 의사결정에 맡겨두면 사회적으로 바람직한 수준보다 낮은 수준의 기술개발투자가 이루어지게 된다. 그러므로 정부가 여러 가지 방법으로 개입하여, 보조 지원함으로써 사회적으로 바람직한 수준의 과학기술을 얻도록 노력하는 것이 타당하다.

여기에 활용될 수 있는 정책적 수단으로는 대학이나 공공연구소를 통한 과학연구의 지원, 조세나 직접 보조를 통한 기업의 기초과학연구 참여 촉진, 고급인재양성 등이 있을 수 있다.

과학정책에서 가장 크게 논의되는 이슈는 여러 과학 분야 가운데 어떤 분야를 선정하여야 하는가와 그 지원의 성과를 어떻게 증명할 것인가로 요약될 수 있다. 먼저 분야선정의 문제는 예산의 한정성과 관련이 있다. 선후진국을 막론하고 모든 국가에서 예산이란 항상 제한되어 있을 수밖에 없고, 따라서 어떤 분야를 선정하고, 어느 정도 지원할 것인가가 항상 문제가 된다. 이를 해결하기 위하여 우선 국가적 입장에서의 핵심 과학분야를 선정하는 논의가 선행되어야 한다.

국가별로 처한 환경이 다르고, 지향하는 목표가 다르기 때문에 선정되는 핵심 분야 역시 다를 수밖에 없을 것이다. 예를 들어 미국의 경우 '테러로부터 안전한 국가'라는 비전이 있기 때문에 이와 연관된 기초과학이 중요하게 부각될 수 있고, 일본의 경우 '에너지 걱정이 없는 나라', '깨끗한 나라'라는 비전이 있기 때문에 에너지, 환경관련 기초과학이 중요한 것으로 인식될 것이다. 이런 최상위 공감대가 분야선정의 기준이 될 수 있다. 그러나 구체적인 실행단계에서는 엄격한 동료평가(peer review)를 활용하여 역량을 기준으로 평가해나가는 것이 대부분이다. 그 이유는 과학의 중요성을 금전적 기대수익으로 환산하기 곤란하고, 서로 다른 분야를 비교할 근거가 적절하지 않기 때문이다. 이러한 어려움은 고차편미분방정식의 해를 구하는 수학의 분야와 우주의 암흑물질을 탐구하는 천문학 분야를 비교하는 것과 같은 예를 떠올려보면 쉽게 이해할 수 있다. 그러므로 학문적 역량이나 가능성 등을 중심으로 신뢰가 전제된 엄격한 동료평가를 통해 해결하는 것이 중요한 것이다.

또 다른 중요한 논점은 과학의 발전을 위해 국가가 지원했을 때 그 성과를 어떻게 증명할 것인가인데, 이 역시 국가예산의 한정성과 관련이 있는 문제이다. 17세기 과학혁명 이후 제2차 세계대전, 냉전시대에 이르기까지 과학, 특히 기초과학이 산업발전과 국방을 포함한 국력 신장에 궁극적으로 기여한 바가 컸기 때문에 과학에 대한 지원은 특별한 증명이 필요 없는 도덕적으로 자명한 행위였다고 할 수 있다. 그러나 1980년대 이후 글로벌 경쟁이 치열해지고, 모든 국가에서의 재정적 압박이 심해지면서 과학에 대한 지원에서도 그 타당성을 엄격히 증명하라는 압력이 높아졌다.[25] 과학 분야에서 성과를 증명하는 문제는 생산되는 산출물이 '새로운 앎'과 같은 형태인 경우가 많기 때문에 무척 어려운 과제이다. 그럼에도 불구하고, 세금으로 이루어진 국가예산을 활용하는 입장에서 보면 막연한 논리, 특히 호기심의 충족을 이유로 지원을 주장하는 것이 점차 어려워지고 있는 것이 사실이다.

과학정책은 기존의 과학기술 인프라가 충분해서 누적적으로 발전할 수 있는 가능성이 높고, 그 성과물을 상업화하고자 하는 기업가와 산업이 활성화되어 있을 때 효과가 크게 나타날 수 있다. 따라서 대체로 선진국에서 수행할 수 있는 전략이다. 어떤 의미에서는 선진국의 경우 후발 개도국들이 산업화 역량을 바탕으로 끊임없이 추격해오고 있기 때문에 기초과학으로부터 출발하여 새로운 돌파구를 만들어가지 않으면 현재의 지배적 위치를 계속 유지하기가 어려워진다. 이러한 필요성 때문에라도 선진국은 강력한 기초과학 중심의 정책을 펼쳐나가게 되는 것이다. 반면 개도국의 경우에는 과학기반이 취약하고, 새로운 산업을 개척하기보다 기존산업에서의 경쟁력 기반 확보 혹은 선진기술의 흡수에 주력해야 하므로 과학정책에 선진국만큼 중점을 두기가 어려울 수밖에 없다.

---

25 이를 기술정책의 성과평가와 관련된 문제로 보고, 9장에서 보다 상세히 다루고자 한다.

## 6-2 산업기술정책

단순히 하나의 산업을 육성하겠다고 할 때 외국자본을 받아들여 산업설비를 갖추게 하고, 산업 활동을 맡겨놓을 수도 있을 것이다. 그러나 육성하고자 하는 전략산업의 기술을 심도 있게 개발하여 산업자체의 고도화를 꾀하고, 나아가 타 산업으로의 기술전파가 가능하도록 해야 지속가능한 산업발전(sustainable industrial development)이 이루어질 수 있다. 이처럼 산업자체의 육성보다 특정 산업 혹은 여러 산업을 뒷받침하는 핵심기술의 육성에 초점을 두는 정책들을 산업기술정책이라 할 수 있다(Lall, 1996).

산업기술정책은 다음과 같은 몇 가지 특징을 가지고 있다. 첫째, 산업정책이 어느 정도 성공하여 기술습득, 인적자원개발, 기초적인 과학기술 하부구조가 일정 수준 확보된 뒤에 수행할 수 있는 정책이다. 둘째, 산업기술정책이 대상으로 하는 기술은 호기심에 기초한 과학적 지식이 아니라 산업응용 및 경제적 성과창출을 염두에 둔 기술이다. 셋째, 산업별로 기반이 되는 핵심기술군이 다르고, 그 속성이 다르기 때문에 정책적 개입의 양식이 산업별로 다르게 주어진다.

산업기술정책의 개념적 논거는 과학정책과 반대로 산업 혹은 수요주도 선형혁신모형에 근거하고 있다고도 할 수 있고, 이하에서 논의할 산업혁신시스템에 근거하고 있다고도 할 수 있다. 그러나 현재 각국에서 많이 시행되고 있는 전략산업의 핵심기반기술개발 정책은 대체로 수요주도 선형혁신모형의 논리에 기반한다고 할 수 있을 것이다. 그러므로 산업기술정책의 일반적인 절차는 전략산업을 선정하고,

기술트리나 로드맵을 바탕으로 이를 뒷받침하는 핵심기술(군)을 역으로 선정하여 지원하는 형태로 이루어진다.

**기술로드맵**

기술로드맵은 기술 트렌드를 개발전략과 동조시켜나가기 위한 미래 전망 지도이다. 1970년대 모토롤라에서 시작되어 인텔, 삼성 등 거의 모든 기술기반 회사들은 로드맵 작업을 수행하고 있다. 로드맵은 해당분야 기술을 깊이 이해하고 있는 전문가들을 한 자리에 모아 연속적으로 회의를 가지면서 공감대를 형성하는 방식으로 이루어진다. 일련의 회의를 거쳐 미래의 전망에 공동의 인식이 확보되면, (i) 미래 시점별 기술발전 전망, (ii) 미래 소비자의 욕구 변화 전망, (iii) 기술과 욕구 간의 격차 전망, (iv) 욕구를 충족시키기 위한 기술개발전략이 도출된다. 도출된 결과는 시간축에 따라 요약된 그림으로 제시된다. 로드맵은 흔히 작고 분명하게 정의된 기술이나 제품군에 대해 그려지지만, 산업이나 국가단위에서도 그려진다. 로드맵은 개별 회사 입장에서 기술개발이나 제품개발의 전략, 시점, 투자규모를 결정하는 데 기초자료로 활용되고, 산업이나 국가단위에서는 주로 미래예측을 하거나 이해당사자 간에 합의된 행동을 유도하는 데 활용된다. 기술로드맵은 작성에 시간이 많이 걸리고, 또 주기적으로 갱신해야 하는 등 상당히 귀찮은 작업이다. 그럼에도 불구하고, 많은 분야에서 로드맵이 작성되고 있는 이유는 미래를 예측하는 원래의 목적 이외에 로드맵이 작성되는 동안 전문가들 간에 공감대가 형성되고, 예기치 못한 지식공유나 융합적 시도가 이루어질 수 있기 때문이다.

산업기술정책에서 활용되는 주요수단은 공공구매, 전략기술개발지원, 인력교육, 표준화, 지식서비스 제공 등이 있다(Lundvall and Borras, 2005).

경쟁력의 원천으로서 기술에 초점을 둔 정책인 산업기술정책은 단순히 산업정책 차원에서의 전략산업 육성보다 한 단계 진일보한 것으로 볼 수 있다. 우리나라도 과거 1990년대까지 지배적이던 산업정책의 패러다임을 이후 산업기술정책 중심으로 변화시켜왔다. 그러나 정보를 충분히 가진 민간도 쉽지 않은 전략산업분야 및 핵심기술의 선정을 정부가 잘 해낼 수 있는지에 대해 지속적으로 의문이 제기되고 있다. 예를 들어 대안이 되는 핵심기술별로 사적 수익률(private return)과 사회적 수익률(social return)을 산정할 수 있어야 지원의 정당성이 확보될 수 있으므로 이에 필요한 정보와 역량이 충분할 때 산업기술정책이 올바로 수행될 수 있다. 또한 끊임없이 변화하는 기술 및 산업 환경 하에서 시의 적절하게 계속 정책의 수단과 방법을 변화시켜나갈 수 있어야 한다. 이러한 의미에서 산업정책으로부터 산업기술정책으로의 변화는 필연적이지만, 그 실행가능성에서는 적지 않은 문제점들이 있을 수 있다.

## 6-3 산업정책

사실 산업기술정책(industrial technology policy)을 논의하기 위해서는 산업정책(industrial policy)에 대한 이해가 선행될 필요가 있다. 이는 산업기술정책이 고도화된 산업정책의 한 부분형태, 혹은 진보된 산업정책의 가장 중요한 요소로 볼 수 있기 때문이다.

산업정책은 국가의 산업경쟁력을 높이기 위하여 산업의 구조조정이나 특정산업의 보호, 육성에 정부가 개입하는 일체의 행위를 의미한다.[26] 산업정책의 유형에는 적용대상범위에 따라 일반적 산업정책

(general industrial policy), 산업부문별 산업정책(sectoral industrial policy), 사안별 산업정책(project specific industrial policy), 기업별 산업정책(firm specific industrial policy) 등 다양하게 존재한다(이갑수, 2007). 구체적인 개입의 수단은 조세 및 보조금지원 등 금전적이고 직접적인 지원이나, 인력 및 기타 경제적 제도를 바꿈으로써 민간의 행동을 유인하는 간접적인 지원, 그리고 명령이나 지도 등의 묵시적 정책도 있을 수 있다.

정부가 산업정책을 통해 경제활동에 개입하는 논거로는 높은 불확실성(information externality), 조정실패(coordination failure), 그리고 기술적 파급효과(technological spillover) 등이 언급되어왔다(Rodrik, 2004).

| 산업정책의 논리적 근거 |

(1) 불확실성: 정보 외부성(information externality)라고도 한다. 새로운 분야의 산업이 생겨나고 있을 때 초기의 기술적, 시장적 불확실성을 무릅쓰고 뛰어드는 사업가는 모든 위험을 직접 부담하지만, 성공하고 난 다음 후발자들이 곧 등장하여 수익을 나누어 가져야 하는 상황에 직면한다. 따라서 초기 기회의 발견(discovery of opportunity)을 위해 부담하는 비용 대비 수익이 낮아서 기업들이 자발적으로 신산업에 들어가기가 어렵다. 이러한 경우 정부가 산업의 초기 발전단계에서 각종 지원을 통해 기업을 지원할 수 있다.

(2) 조정실패: 철강 산업과 같이 특정 산업이 규모 및 범위의 경제를 달성

---

26 이갑수(2007)에서는 '산업정책을 일국의 경제구조를 최선의 상태로 유지, 발전시키기 위해서 국민경제 과정에 가해지는 일체의 공적개입'으로 정의하고 있다.

해야만 하는 경우 개별 기업들이 나서서 일정 규모 이상의 자본을 동원하고 인프라를 조성하는 것이 불가능한 상황이 있을 수 있다. 또는 지역적 근접성처럼 일부 투입요소가 거래 불가능하거나 제도적 환경이 중요한 경우도 있을 수 있다. 이런 모든 주변적 요소를 개별기업 간의 조정으로는 풀 수 없는 경우가 대부분이므로, 정부가 나서서 지원하거나 조정하는 역할을 할 수 있다.

(3) 기술파급효과: 전통적으로 가장 많이 언급되어온 산업정책의 논거로서 새로운 산업, 특히 진보된 기술을 포함하고 있는 산업을 육성하면, 연관산업기술이 개발되고, 산업 간 경제적 파급효과를 기대할 수 있다는 의미이다.

출처: Rodrik (2004)

이러한 산업정책은 우리에게 결코 낯선 것이라 할 수 없고, 오히려 1960년대 이후 우리나라 경제발전과정 자체가 훌륭한 산업정책의 성공적 모델이라고 할 수 있다(Yusuf, 2003; 장하준, 2006). 1960년대 경공업 육성전략, 1970~1980년대 중화학공업 육성전략, 1990년대 이후 정보통신산업 육성전략 등 산업발전전략을 면면히 관통한 기조는 국가적 전략산업을 선정하여 집중 육성하는 것이었고, 다행스럽게도 모두 성공하였다. 우리나라의 성공적 산업정책은 가깝게는 독일과 일본의 사례를 우리의 실정에 맞게 변용하여 적용한 것이지만, 멀게는 현재의 선진국인 영국, 미국 등 모든 나라들이 산업발전초기 적용했던 모델의 변형이라고도 할 수 있다(장하준, 2006).

그러나 최근의 산업정책은 대체로 산업기술정책 혹은 넓은 의미의 기술정책으로 수렴하는 경향이 있다. 그 이유는 첫째, 산업정책이 단순히 사양산업지원이나 유치산업보호의 범위를 넘어서서 근본적인 경쟁력 배양을 목표로 한다면, 필연적으로 산업의 기술경쟁력 향상에 관심을 두지 않을 수 없기 때문이다. 높은 기술역량이 있을 때에만 차별적 경쟁력이 확보되어 부가가치도 올라갈 수 있고, 고용도 창출되며, 가치사슬을 타고 파급효과도 창출해낼 수 있기 때문이다.

둘째, 산업정책이 여러 가지 시장실패요인을 교정하기 위한 수단으로 이루어지는 것이라고 할 때 정부의 정책적 개입을 가장 많이 요구하는 분야는 기술역량 배양과 관련된 분야이다. 이는 미시적인 수준에서 기업이 어떻게 기술역량을 향상시켜나가는지를 자세히 살펴보면 쉽게 알 수 있다. 즉, 기술이 무형적이기 때문에 파급효과가 있는 것이 사실이지만 개별 기업이 기술을 흡수하기 위해서는 스스로의 투자가 전제되어야 한다. 이는 자체적인 기술역량이 존재할 때에만 외부에 있는 기술적 기회를 탐지하고, 기업의 비전과 전략에 맞추어 개량해나갈 수 있기 때문이다. 그러나 개별기업은 절대적으로 자원이 부족하고, 외부파급효과나 제도적 기반의 미비로 스스로 기술역량 향상에 투자할 유인이 부족하기 마련이다. 따라서 정책적으로 개입이 필요하다면, 기술역량 배양이 가장 긴요한 분야라 할 수 있다.

셋째, 과거 산업정책의 중요한 수단들은 자본의 차별적 공급 등 투입요소를 제공하거나, 관세장벽 등 대외관계를 조절하는 것 등이었다. 그러나 최근 다자간 혹은 쌍무적 무역자유화 규정이 강화되면서 이러한 수단들이 국제적으로 용인되기 어려워졌다. 반면 기술역량 개발을 위한 국가적 지원은 시장실패가 명백하기 때문에 대체로 허용되고 있는 실정이다. 따라서 경쟁력 있는 산업을 육성하고자 하는 목적을 가지고 있다 하더라도 그 수단은 기술정책적 수단들로 한정되고 있다.

이러한 이유들로 인해 과거 산업정책은 현실적으로 기술정책으로 수렴되고 있다.

## 6-4 혁신정책

특정한 분야의 첨단과학을 개발하거나 특정 산업분야의 기술을 개발하는 것에서부터, 나아가 다양한 혁신주체들의 개별역량과 연계를 강화하여 혁신의 잠재력을 극대화하고자 하는 정책들을 모두 종합하여 혁신정책이라고 한다. 혁신정책은 시장실패론이 아니라 혁신시스템 이론에 근거를 두고 있으며, 시스템실패 요인을 찾아 보완함으로써, 혁신시스템의 총체적 역량을 강화해나가는 목적을 가지고 있다(Metcalfe, 1995). 혁신정책이 과학정책이나 산업기술정책과 가장 큰 차이를 보이는 부분은 의도적인 선택의 영역을 가능한 축소하고, 상호연계를 중시하며, 적응적 진화적 정책 형성 매커니즘에 주목하고, 제도적 환경과 기술발전과의 연계를 중시한다는 것이다.

우선, 정책에 의한 인위적인 선택과 집중의 영역을 최소화하고자 하는 것은, 혁신시스템이론의 개관에서도 언급한 바와 같이 혁신이 예상한 대로만 이루어지는 것이 아니라 여러 가지 영향요인들에 의해 예상치 못한 방향으로 발전할 수 있기에, '사전적인 선택(ex ante selection)'이 큰 의미를 갖지 못한다는 점을 인정하기 때문이다. 이는 기술주도 혹은 시장주도의 선형적 모형에서 가정하는 바와 극단적으로 다른 접근법이라 할 수 있다. 다른 한편으로 혁신정책에서는 '사후적인 선택(ex post selection)'이 올바로 이루어지도록 하는 데 많은 관심을 둔다. 이는 혁신시스템 이론이 상정하는 바와 같이 다양한 혁신 아이디어가 경쟁하고, 그 가운데서 우수한 것이 선별되는 과정이 건강하게 작동해야 하기 때문이다. 예를 들어 잘 발달된 금융시장은 혁신 아이디어 가운데 상업적 가능성이 있는 아이디어를 조기에 식별하여 지원하는 역할을 수행함으로써 수준 높은 선택기능을 수행하고 있다. 따라서 혁신정책에서는 사전에는 보다 넓은 영역에서 실험이 일어나도록 기반을 제공하고, 사후에는 우수한 혁신아이디어가 살아남아 발전할 수 있도록 기술적, 사회적, 경제적 선택환경을 조성하는 데 초점을 두게 된다.

두 번째 특징으로서 혁신정책에서는 개별주체 혹은 그 주체의 특정 기능보다, 혁신 주체들 간의 활발한 연계에 중점을 둔다. 이는 지식이 한 곳에서 다른 곳으로 확산되면 될수록 새로운 혁신의 변이가 발생할 가능성이 높아지기 때문이다. 즉, 서로 학습하면서 새로운 융합형 혁신의 아이디어가 제시되기도 하고, 주체들 간의 상호 보완을 통해 혁신의 완성도가 높아진다고도 볼 수 있다. 예를 들어 대학의 특정분야 연구 활동을 지원하는 데서 한발 더 나아가 대학-산업체 연계형 공동연구개발 활동에 보다 많은 지원을 하는 것 등을 예로 들 수 있다. 이와 같은 연계가 강화되면 비록 개별주체들의 역량이 낮다고 하더라도 연계된 혁신시스템 전체의 역량은 높아질 수 있다.

세 번째 특징으로서 적응적 진화적 정책형성 매커니즘은 혁신정책에서 가장 중요한 특징적 요소라고 할 수 있다. 균형론적 접근과 달리 혁신시스템 이론에서는 미래에 대한 정확한 예측은 불가능하고(불확실성), 정보가 완전하지 않으며(불완전 정보), 인간의 인지, 계산능력에 한계가 있다(제한적 합리성)는 점을 전제하고 있다. 이는 일반적으로 어떤 혁신이 성공에 이르게 될지 알기 어렵다는 점을 의미하기도 하지만, 다른 한편으로 혁신을 지원해야 할 정책 담당자의 의사결정 역시 고도의 불확실성 아래 있을 것임을 시사한다. 그러므로 예를 들어 정부가 모든 혁신주체들을 대신하여 분야를 직접 선정하는 행위 등은 일반적으로 타당하지 않을 것이다. 따라서 혁신정책은 단정적인 의사결정으로 이루어져서는 안 되며, 실험적으로 집행되고 결과를 엄격하게 평가한 후 정책을 재설계하여 제안하고 다시 평가하는 식으로 반복적 · 단계적 · 진화적으로 형성되고 집행되어야 한다.

마지막으로 제도와 기술 간의 상호 관련성을 중시한다는 것은 단순히 인력, 자금 등 혁신에 필요한 투입을 늘리는 데 그치는 것이 아니라 그 혁신아이디어가 제안되어 성공에 이르기까지의 과정에서 혁신친화적 제도 환경을 구비하는 데 초점을 둔다는 의미이다. 이는 혁신시스템의 운용을 조율하는 주된 요소가 혁신주체들의 행동규칙을 요약한 명시적 혹은 묵시적인 제도 환경이기 때문이다. 따라서 과학정책이나 산업기술정책과 달리 혁신정책에서 제도 정비에 관심을 두는 것은 당연하다고 할 수 있다. 다만, 혁신정책에서 관심을 두는 제도가 기술혁신에 직접적으로 영향을 미치는 것들뿐만 아니라 외형적으로 볼 때 크게 상관이 없는 것처럼 보이는 것들이나 비정형화된 문화, 관습까지도 포함하고 있다는 점에 유의할 필요가 있다. 예를 들어 환경보전을 목적으로 하는 환경규제나, 근로자의 권익을 보호하기 위한 노동규제, 대학입시 문제를 다루는 교육관련 규제, 재정금융의 안정을 목적으로 하는 은행금리규제 등도 넓게 보면 혁신에 영향을 미칠 수 있다. 따라서 제도적 환경정비에서는 기술혁신규제 뿐만 아니라 모든 제도적 환경을 총체적으로 살펴 조화를 이루도록 조정하는 것이 중요하다. 이를 통해 궁극적으로 혁신이 활발히 일어나는 혁신친화형 국가적 제도 환경을 구현할 수 있다.

**| 기술발전과 제도변화가 불일치하는 사례 |**

""앞으로 5년 뒤에는 사람들이 우리가 현재 TV를 보는 방식에 대해 웃음을 금치 못할 것이다." 1월 다보스 포럼에서 빌 게이츠 마이크로소프트(MS) 회장은 이렇게 말하며 인터넷과 TV의 결합이 불러올 '인터넷(IP)TV' 혁명을 예고했다. 한국은 IPTV 혁명 경쟁에서 기술적으로 상당 수준에 이르렀다. IPTV 관련 특허만 319건으로 최다 보유국이다. 그러나 이를 뒷받침할 법제화 문제는 방송과 통신 진영의 갈등으로 2004년 경부터 '헛바퀴'만 돌리고 있다. 양 진영의 상황을 각각 반영한 IPTV 관련 의원 입법안이 '장군 멍군' 식으로 국회에 제출돼 무려 7개에 이른다. 방송과 통신 진영의 법제화 갈등은 IPTV에 대한 기본 인식 차이에서부터 비롯된다. IPTV 상용화 사업에 적극적인 하나로텔레콤, KT 등 통신 업계는 'IPTV는 제3의 방송통신융합 서비스인 만큼 기존 방송법과 다른 별도 법안이 마련돼야 한다'고 말한다. 이에 반해 케이블TV 사업자들을 포함한 방송 진영은 '기존의 방송서비스와 크게 다를 바 없는 만큼 현 방송법의 일부 개정으로 충분히 법제화가 가능하다'고 주장한다. 빌 게이츠가 말한 'IPTV 혁명'이라는 거대 담론은 한국 국회 안으로 들어오면서 지루한 '밥그릇 싸움'의 양상을 띠고 있다. 대표적 쟁점은 사업권역 제한과 통신업체의 자회사 분리 문제. 케이블TV 진영은 자신들이 받고 있는 서비스 권역 제한 규제를 IPTV 사업자도 같이 받아야 한다고 주장한다. 이 역시 케이블방송과 IPTV는 동일한 서비스라는 인식을 반영한 것이다. 통신업계는 'IPTV와 초고속인터넷는 분리할 수 없는 서비스이기 때문에 전국적 사업권역을 확보해야 보편적인 서비스가 가능하다'고 주장한다. IPTV를 지역 면허로 묶으면 지역 간 '디지털 디바이드(정보화 격차)'가 더욱 심해진다는 것이다. KT 등 통신업계는 IPTV는 콘텐츠와 설비

투자가 함께 진행돼야 하는 서비스인 만큼 별도의 법인(자회사)을 만들어 운영할 경우 투자 여력이 부족해 경쟁력을 갖기 어렵다고 지적한다. 이에 대해 케이블TV 진영은 '거대 통신회사들이 TV 시장에 뛰어들면 시장지배력이 그대로 전이돼 중소 케이블TV 업체들이 심각한 타격을 입을 것'이라며 반발하고 있다. IPTV 법제화를 둘러싼 이런 끝없는 논쟁의 최대 피해자는 일반 소비자라는 지적이 많다. 한국전자통신연구원은 IPTV 상용화가 가져올 경제 효과는 '7년간 총 13조 원의 생산 유발과 7만 명의 고용 창출 효과'라고 진단한 바 있다. 한 야당 의원은 3월 국회에서 'IPTV 상용화 지연으로 하루 약 30억 원, 연간 1조 원의 손실이 발생하고 있다'고 주장했다. 현재 정치권에서는 "정통부와 방송위원회 간 '기구 통합' 논의의 방향이 잡혀야 IPTV 법제화도 급물살을 탈 수 있을 것"이란 관측이 많다."

출처: 동아일보 (2007. 9. 20.)

이러한 특징들을 종합하면, 혁신정책은 다양한 주체들과 연계를 고려하면서 시스템실패의 영역을 식별한 후 단계적, 진화적으로 이루어지되, 모든 제도적 환경을 종합적으로 감안하여 이루어져야 함을 알 수 있다.

## 토론 주제

1. 과학정책, 산업기술정책, 혁신정책의 최근 사례를 신문에서 찾아보고, 정책형성의 배경과 집행과정상의 특징을 서로 비교해보자.

2. 본인이 잘 알고 있는 기술 분야를 중심으로 기업, 산업, 국가 수준의 기술로드맵의 사례를 찾아보자.

3. 우리나라의 과거 산업정책이 유효했다고 주장하는 논문과 유효하지 않았다고 주장하는 논문을 찾아 비교해보자.

4. 제도변화와 기술변화가 불일치하는 사례를 찾아보자. 이러한 불일치가 기업에게 어떤 영향을 미치는지 생각해보자. 사전에 이와 같은 불일치를 방지하기 위해서 무엇을 할 수 있는지 토론해보자.

5. 혁신주체 간의 연계를 목적으로 하는 정책의 구체적인 사례를 국내외에서 찾아보자.

# 7 주요국의 기술정책

기술정책의 관점에서 미국과 유럽은 선진국의 사례로서 반드시 살펴보아야 할 국가들이다. 일본은 우리나라와 같이 전형적인 산업정책으로 경제발전을 이룩한 국가로서 혁신정책의 관점에서 우리에게 주는 시사점이 크다. 본 장에서는 주요 선진국들의 기술정책 개요를 간략히 살펴보고, 마지막으로 한국의 기술정책을 역사와 함께 간략히 살펴본다. 주요 국가의 기술정책을 개관함에 있어 아래에서는 배경과 혁신시스템적 특징, 그리고 도전과제의 형식으로 간략히 살펴보고자 한다.

## 7-1 미국

### 1) 배경과 역사

Ruttan(2001)은 미국의 기술발전기 초기의 특징을 표준화된 생산시스템의 채택에서 찾고 있다. 1800년대 총기류 생산, 제직기술, 기계공구 제작 등에서 유럽의 장인제작 방식과 달리 표준화된 공정을 확립하고, 분업을 본격화하는 등의 혁신적 생산방식을 도입함으로써 생산성을 극적으로 올린 것이 그 예다. 이러한 흐름은 자동차 생산방식에서 포디즘(Fordism)이라고 불리는 컨베이어 벨트 생산시스템으로 옮겨졌고, 대량생산체제(mass production system)로 승화되어 1970년대까지 이른바 미국의 황금기라 일컬어지는 경제발전의 기초가 되었다.

산업기반이 완전히 성숙하고, 전 세계적 표준을 선도하는 경쟁력을 갖추게 된 후 미국은 기존 시장 내에서가 아니라 혁신적 기술에 기반하여 새로운 산업을 끊임없이 창출하는 것으로써 세계적 선도력을 유지해야 하는 고민을 갖게 되었다. 이러한 고민을 반영하여 Ruttan(2001)이 지적한 바대로 '기초과학기반 기술혁신시스템'이라는 특징을 갖게 되었다.

미국의 기술정책을 혁신모형에 대입하면 대체로 혁신의 선형모형 중 기술추동(technology push)형에 해당한다. 즉 원천기술이 많이 확보되면 자연스럽게 개발과 응용이 뒤따라 올 수 있다는 가정을 전제하고 있다. 우주개발, 군사기술, 유전자 지도 등 특정한 임무를 달성하기 위하여 막대한 지원을 하는 것도 이러한 임무를 달성해나가는 와중에 파급효과에 따라 응용될 기술들이 향후 싹틀 것으로 믿기 때문이다. 미국의 이러한 방침은 1945년 루즈벨트 대통령의 과학자문관이던 바네바 부시(Vannevar Bush)의 '과학: 무한한 개척지(Science: The Endless Frontier)'라는 보고서 이래로 미국기술정책의 기조로 자리 잡았다.

### 2) 기술혁신시스템의 특징

기초과학의 우위에 기반한 미국 기술혁신시스템의 몇 가지 특징을 들면 다음과 같다. 첫째, 산업계의 기초 및 응용연구 역량이 그 어느 나라보다 크다. 단적으로 미국의 대표적인 기업인 포드자동차가 2005년 80억 달러 수준의 자금을 연구개발에 투자하여 당시 한국의 국가 연구개발비 전체에 버금가는 수준을 보여주었을 정도이다. 이밖에도 우리가 흔히 아는 거대 미국 기업들은 작은 국가의 전체 연구개발투자비를 상회하는 자금을 연구개발에 쏟고 있는 실정이다. 이는 국가의 혁신이 민간주도로 원활하게 돌아갈 수 있는 가장 큰 자산이라고 할 수 있다.

**| 세계주요기업의 연구개발투자비 현황 (2005~2006) |**

| 기업명 | 세계순위 | 국가 | 2005/06 R&D 투자금액(십 억 파운드) |
|---|---|---|---|
| 포드자동차 | 1 | 미국 | 4.66 |
| 화이자 | 2 | 미국 | 4.33 |
| GM자동차 | 3 | 미국 | 3.9 |
| 크라이슬러 | 4 | 독일 | 3.88 |
| 마이크로소프트 | 5 | 미국 | 3.84 |
| 도요타 | 6 | 일본 | 3.73 |

| | | | |
|---|---|---|---|
| 존슨앤존스 | 7 | 미국 | 3.68 |
| 지멘스 | 8 | 독일 | 3.54 |
| 삼성전자 | 9 | 한국 | 3.17 |
| 글라소스미스클라인 | 10 | 영국 | 3.14 |
| IBM | 11 | 미국 | 3.13 |
| 인텔 | 12 | 미국 | 3 |
| 노바티스 | 13 | 스위스 | 2.82 |
| 폭스바겐 | 14 | 독일 | 2.8 |
| 마츠시타전자 | 15 | 일본 | 2.79 |
| 사노피 아벤티스 | 16 | 프랑스 | 2.78 |
| 노키아 | 17 | 핀란드 | 2.73 |
| 소니 | 18 | 일본 | 2.62 |
| 로셰 | 19 | 스위스 | 2.52 |
| 혼다자동차 | 20 | 일본 | 2.31 |
| 현대자동차 | 43 | 한국 | 1.36 |

출처: UK DTI (2006)

두 번째 특징은 경쟁력 있는 고등교육기관을 보유하고 있다는 점이다. 대표적으로 뉴스위크가 선정한 세계대학 순위에 따르면 2006년 기준으로 상위 10대 대학에 8개가 선정될 정도로 높은 경쟁력을 보유하고 있다. 대학경쟁력이 높다는 것은 대학에서 산출되는 과학기술의 수준 자체가 높다는 뜻이 되기도 하지만 우수한 인력이 모여들고, 배출되는 장이 된다는 측면에서도 중요하다.

세 번째 특징은 신생기업의 창업이 활발하여 원천기술의 상업화를 위한 실험이 왕성하게 일어나고 있고, 인텔이나 마이크로소프트와 같은 글로벌 기업들이 이들로부터 형성되어 나오고 있다. 활발한 창업은 자유로운 창의에 기반한 건국정신과 맞물려 미국의 정체성을 설명하는 주요한 요소가 되어왔다. 따라서 창업을 가로막는 장애는 최소화되어왔고, 창업과정을 뒷받침하는 법률, 금융 등 각종 서비스 산업이 오래전부터 발달되었다.

네 번째 특징은 국방기술개발의 성공적인 스핀오프 전략을 들 수 있다. 국방부문의 연구개발은 2005년 기준 미국의 전체 연구개발투자에서 58.4퍼센트를 차지할 정도로 막대한 비중을 차지하고 있다. 미국의 국방기술개발은 그 자체로서 미국의 군사력을 유지하는 데 긴요한 역할을 하지만, 나아가 개발된 기술을 민간에 이전(spin-off)함으로써 민간부문의 연구개발을 사실상 보조하는 것과 같은 효과를 내는 특징이 있다.

**미국의 국방기술지원을 통한 민간지원의 사례**

"미국은 군수산업, 우주항공산업 등과 연계한 연구개발(R&D) 지원을 중심에 두고 우회적이고 암묵적인 지원을 해왔다. 그 외에 하청업체에 대한 보조금이나(연방 정부가 아닌) 주 정부로부터 받는 지원금 등의 형태로도 지원이 이루어진다. 미국의 경우 이러한 형태의 지원금의 규모가 70년대 후반부터 현재까지 290억 달러로, 유럽(37억 달러)의 8배에 달한다는 것이 유럽연합 측 주장이다. 이 밖에 미국에서는 군수 항공기 사업에 입찰했던 모형을 그대로 민수용으로 전환하는 방식으로 간접지원을 하기도 한다. 보잉은 Boeing 367-80, 혹은 애칭으로 'Dash-80'으로 불리우던 시제품으로 공중급유기 KC-135에 대한 입찰에 성공하는 동시에 이를 민수용 Boeing 707로도 사용했다. 또 대형수송기 C-5A 입찰에 참여했다가 실패한 모형을 민수용으로 전환하여 Boeing 747로 성공적으로 변환시킨 바 있다. 보잉사는 정부로부터 많은 지원을 받는 군수 항공기 모형을 민수용에도 그대로 사용하여 민간 항공기 부문의 초기 개발비용을 크게 줄일 수 있었다."

출처: 이서원 (2005)

이러한 혁신시스템적 특징과 프론티어를 개척해나가야 한다는 절박한 필요성에 기반하여 미국은 기초원천형 기술개발에 많은 노력을 기울이고 있다. 이를 반영하여 정부연구개발 예산 중 기초원천분야에 투자되는 비중이 19퍼센트로 높은 수준을 유지하고 있다.

### 3) 도전과제

최근 미국이 가진 혁신관점에서의 고민은 일본, 유럽 등 선진국뿐만 아니라 한국, 중국 등 후발 추격국들의 도전이 거세지고 있다는 데 있다. 또한 글로벌화의 진전에 따라 미국 내에서가 아니라 새로운 시장과 아이디어를 찾아 외국에서 기술개발을 수행하는 비율이 높아지고 있고, 외국 국적을 가진 기술인력에 대한 의존도가 점점 더 높아지고 있는 점도 미국의 입장에서 도전과제라 할 수 있다. 따라서 기초원천기술 분야에서도 미국의 입지가 공고하다고만은 볼 수 없는 상황에 놓이게 되었다. 또한 잘 알려진 바와 같이 미국내 학생들의 기초 수학, 과학 역량이 급속히 떨어져 미국을 뒷받침해온 창의적이고 우수한 인적자원이라는 전통적 강점이 소실될 상황에 처해 있다.

이를 타개하기 위한 미국의 기술정책은 다시금 기초원천기술력을 강화하는 것으로, 특히 창의적 인재양성에 초점이 모아지고 있다. 미국 과학기술정책실(OSTP: Office of Science and Technology Policy)이 2006년 발표한 미국경쟁력강화전략(ACI; American Competitiveness Initiative)은 이러한 미국의 정책적 지향을 집대성한 것이다. 백악관의 강력한 지지하에 초당적 법안으로 성안된 미국경쟁력강화전략은 미국의 경쟁력이 혁신역량 강화에 있음을 명시적으로 밝히고, 이를 위

**'미국경쟁력강화전략(2006)' 의 개요**

기본 방향은 (1) 기초연구에 대한 연방정부 차원의 지원 강화, (2) 대규모 투자가 소요되는 측정표준, 실험설비에 대한 연방정부 차원의 지원 강화, (3) 후속세대의 평생학습능력을 배양하고, 호기심을 지속적으로 유지할 수 있도록 하는 교육체제 구축, (4) 세계적 수준의 교육연구기회에 접할 수 있도록 기초적인 수학, 과학, 공학기술에 대한 교육 강화, (5) 직장인 대상의 재교육 시스템 강화, (6) 최고수준의 인재를 유치하기 위한 이민정책 재정립, (7) 과학적 발견의 결과를 상업적 성과를 전환하기 위한 민간투자 활성화, (8) 지식재산권의 강화, (9) 유연한 노동 및 자본시장, 신기술 확산을 촉진하는 상품시장을 갖추어 기업하기 좋은 환경을 조성하는 것으로 설정하고 있다. 구체적인 실행목표는 (1) 연구기반 수학교과과정 도입 및 개선에 300개의 보조금 프로그램 지원, (2) 연간 1만 명 이상의 과학자, 학생, 연구원 및 기술자 등이 혁신기업에 기여할 수 있는 기회 제공, (3) 2015년까지 10만 명 이상 양질의 수학, 과학교사 확보, (4) 매년 70만 명 이상의 저소득층 학생이 대학교과를 선행 수강할 수 있도록 지원, (5) 매년 80만 명의 근로자가 양질의 직업교육을 받을 수 있도록 지원하는 것으로 되어 있다. 수행방안으로서는 (1) 향후 10년동안 미국과학재단(NSF), 국립표준원(NIST) 등을 통하여 기초 물리학 및 기초 공학기술에 대한 지원을 2배 이상 확대, (2) 연구개발조세특례제도를 영구화하고, 제도의 구체적 내용을 기업 혁신에 더 도움이 될 수 있도록 수정, (3) 초중등학생에 대한 수학과학교육 강화 및 양질의 교사양성, (4) 매년 80만 명 이상의 근로자에 대한 재교육 실시, (5) 이민정책을 포함한 우수인재 유치역량 강화로 제시하고 있다.

출처: OSTP (Office of Science and Technology Policy)(2007)

한 정부의 역할을 혁신환경 조성으로 제시하고 있다.

미국의 기초원천기술 주도형 기술정책은 미국의 혁신시스템적 특징과 미국이 당면한 도전과제를 종합적으로 반영한 결과 형성된 것이다. 그러므로 민간의 혁신역량이 충분하지 못하고, 경쟁력 있는 대학이 갖추어져 있지 않으며, 창업 등 기업환경이 충분히 우호적이지 않은 국가의 경우 미국과 같은 기초원천기술형 기술정책을 모방하게 되면, 자칫 국가적 낭비를 가져오거나 기초기술에는 강하되 국가의 부를 창출하지 못하는 오류에 빠질 수도 있다.[27]

## 7-2 유럽

### 1) 배경과 역사

유럽은 서로 특성이 다른 수십개의 국가로 구성된 일종의 지역이다. 공식적으로 EU로 가입되어 하나의 정책체제 아래 묶여 있는 국가의 수만 해도 2009년 현재 27개에 이르고 있다. 영국과 프랑스, 독일 등 유럽을 구성하는 주요 국가들의 산업발전 역사와 국가마다 현재 당면한 문제도 상이하다. 뿐만 아니라 EU 내 국가 간 일인당 GDP 격차가 최대 11배에 이르고 있기도 하다. 이런 여러 가지 사실들은 EU를 단일한 국가인 것처럼 간주하여 논의하는 것이 무리일 수 있다는 점을 시사한다.

그럼에도 불구하고 본 절에서는 EU를 하나의 정책단위로 묶어 다루고자 한다. 그 이유는 1999년 단일 통화로 유로(Euro)화를 발족시키고, 비록 사문화된 것으로 인정되고 있긴 하나 2005년 EU헌법을 제정하는 등 EU 내 국가 간에 공유하는 정책의 폭이 넓어졌기 때문이

27 기초원천기술의 수준을 반영하는 한 지표인 노벨상 수상자 배출자 수와 그 국가의 일인당 GDP가 큰 상관관계를 갖지 않는다는 잘 알려진 사실은 기초원천기술의 경쟁력이 곧 국가경제의 경쟁력으로 이어지지 않을 수도 있다는 것을 시사하고 있다.

다. 이러한 정책공조에는 재정정책 등 국가의 본원적인 경제정책뿐만 아니라 시장관련 정책, 환경정책 등 다양한 영역이 포함되어 있다. 또한 비EU 국가들의 입장에서 볼 때 EU가 점차 하나의 단일한 블록으로서 EU 안(역내)과 밖(역외)간의 격차가 이전보다 더욱 커지고 있다. 그러므로 EU 내 국가별 시장 간의 차이가 비록 무시하지 못할 만큼 존재하고 있다 하더라도 EU블록 밖과의 차이를 감안할 때 상대적으로 동질적인 것으로 보일 수 있다. 마지막으로 사회적, 역사적, 문화적 경험을 공유하고 있는 점도 정책을 논의할 때 유럽을 단일한 집단으로 간주할 수 있게 하는 중요한 요소이다. 이는 제도를 다루는 모든 정책이 그 구성, 운용방식, 효과에서 정책이 펼쳐지는 사회문화적 환경과 긴밀한 상관관계를 갖고 있기 때문이다.[28] 그러므로 비록 유럽 국가들 간에 상당한 차이가 있음에도 불구하고 EU를 편의상 하나의 국가인 것처럼 간주하여 논의할 수 있다.

EU는 산업 혁명기를 전후하여 세계를 선도하는 입장에 있었으나 20세기에 들면서 대량생산체제를 기반으로 한 미국에게 선도국의 위치를 물려주게 되었다. 제2차 세계대전 이후 미국의 선도적 입지가 확고해진 다음부터 유럽에서 지속적으로 등장한 키워드는 선도적 위치를 다시 확보하기 위하여 유럽을 대표하는 산업 혹은 기업(European champion)을 육성하자는 것이었다. 이는 전략산업을 선정하고, 규모

28 예를 들어 한국, 일본, 중국 등 유교문화권에는 수직적 위계체제가 비교적 쉽게 받아들여지는 문화적 토양이 있고, 반면 영국, 미국 등에서는 수평적 관계가 발달되어 있다. 문화가 상이하면 혁신을 수행하는 조직적 관행이 다를 수밖에 없고, 이를 지원하기 위한 정책의 형태와 효과가 다를 수밖에 없다.

의 경제를 위하여 기업 간 합병과 연합을 장려하고, EU 혹은 개별 국가 차원에서 정책적으로 핵심기술개발을 지원하는 것으로 구체화되었다(Metcalfe, 1995). 특히 전략산업에 필요한 핵심기술개발을 정책적으로 지원하는 명시적 프로그램들로서 ESPRIT(European Strategic Programme for Research and Information Technology), RACE(Research in Advanced Communications for Europe), BRITE(Basic Research in Industrial Technologies for Europe)[29] 등이 대표적으로 운용되어왔다.

**| 유럽 챔피언의 사례: 에어버스 |**

"항공산업은 기존 별로 30억~120억 달러에 이르는 막대한 규모의 초기 투자가 필요한 데다 규모의 경제 효과가 뚜렷이 드러나는 분야이기 때문에 진입장벽이 매우 높은 산업이다. 아울러 R&D와 고용의 전후방 연관효과가 높은 전략산업이기도 하다. 에어버스사의 신규진입을 둘러싼 미국과 유럽연합의 떠들썩한 논란이나 에어버스와 보잉 간의 치열한 시장경쟁은 이런 배경에서 이해할 수 있다. 최근 항공산업에서는 에어버스가 급속히 성장하면서 에어버스와 보잉 간에 치열한 선두다툼이 벌어지고 있다. 올해 들어 에어버스가 좌석수가 550석에 이르는 초대형 항공기 A380의 시험비행을 성공적으로 마쳤다. 이로서 보잉사의 B747 모델과 함께한 초대형 항공기 분야에서의 35년간의 독점이 종료되었다. 보잉사가 미국을 대표한다면 에어버스사는 유럽 주요국들의 연합에 의해 탄생한 항공기 제조업체다. 에어버스사는 독일의 다임러-크라이슬러와 프랑스와 스페인의 국영기업이 대주주인 EADS(European Aeronautic Defence and Space Company)와 영국의 BAe(British Aerospace) 가 각각 80퍼센트와 20퍼센트의 지분을 소유하고 있다. 이 같은 지분 구조로 인해 에어버스는 흔히 쓰이는 '내셔널 챔피언

[29] 각 정책프로그램의 구체적인 내용에 대해서는 Metcalfe(1995)를 참조.

(National Champion)'이라는 말 대신, '유럽 챔피언'으로 불리운다."

출처: 이서원 (2005)

유럽 차원의 기술개발지원은 주로 국가 간 협력연구를 장려하는 형태로 진행되고 있다. 1984년 시작되어 매 4년마다 주기를 바꾸어가며 현재도 시행되고 있는 프레임워크(FRAMEWORK) 프로그램 등이 대표적인 사례라 할 수 있다.

**| 유럽의 FRAMEWORK(7차)의 중점추진분야 및 예산 |**

| 중점 추진분야 | 주요 내용 | 예산(백만 유로)(비중: %) |
|---|---|---|
| 건강 | 생명공학기술, 유전자조작기술 및 도구, 의료기술 | 6,050(18.8) |
| 식품, 농업, 생명공학 | 식품과 먹이 사슬의 안전, 다이어트 관련 질병, 소비자 식품 선택, 식품과 영양분이 신체에 미치는 영향 | 1,935(6.0) |
| 정보통신 기술 | 네트워크와 서비스 하부구조의 안정성과 보안<br>개인 ICT 시스템 및 디지털 컨텐츠 관리 | 9,110(28.2) |
| 수송 | 항공학과 항공수송<br>지속가능한 지상수송<br>유럽의 글로벌 위성항해시스템 지원 | 4,180(13.0) |
| 나노 | 나노과학 및 나노기술<br>소재 및 신생산기술<br>산업적 응용을 위한 기술의 통합 | 3,500(10.8) |
| 우주 | 우주기반의 유럽사회 서비스 응용 및 기반 강화 기술개발 | 1,430(4.4) |
| 안보 | 지능형 감시와 경계방어<br>위기 발발시 보안과 안전의 복구<br>보안시스템 통합, 상호연결, 상호운용성 | 1,350(4.2) |

| | | |
|---|---|---|
| 에너지 | 수소전지, 연료전지, 재생 전기 및 연료생산<br>이산화탄소 포집 및 저장기술<br>스마트 에너지 네트워크 및 에너지 효율과 저감 | 2,300(7.1) |
| 환경 | 기후변화, 오염, 위험 및 지속가능한 자원관리<br>지구 관측 및 평가도구 | 1,800(5.6) |
| 사회경제 과학 및 인문학 | 지식사회에서의 성장, 고용, 경쟁력<br>유럽관점에서 경제, 사회, 환경 목표의 조합<br>사회의 주요 트랜드와 의미 및 예측 활동 등 | 610(1.9) |
| | 합계 | 32,365 (100.0) |

그러나 최근 과거와 같은 선택과 집중 방식의 기술정책을 탈피하고 사회전반의 제도를 함께 고쳐나가는 넓은 의미의 혁신정책으로 진화하고 있는 중이다.

### 2) 혁신시스템의 특징

유럽은 역사와 지리적 특성으로 인해 다음과 같은 혁신시스템적 특성을 갖는다. 첫째, 여러 국가로 나뉘어 발전해왔기 때문에 제도적 기반이 국가마다 상이하다. 예를 들어 유럽특허청이 있지만 국가별 특허규정이 엄연히 존재하고 있고, 식품이나 의약품 관련 규정도 국가마다 상이하다. 제도적 기반이 다르기 때문에 한 국가에서 개발된 기술이 다른 국가에서도 효력을 발휘하기 위해서는 원래 기술을 변형, 적용하는 노력이 추가적으로 요구될 수도 있다.

둘째, 기업가 정신이 미국에 비하여 뒤떨어진다. OECD(2001)의 분석에 따르면, 유럽은 미국에 비하여 평균적으로 창업률이 낮고, 창업하는 기업의 규모가 크며, 창업 후 비교적 많은 수의 기업들이 살아남는 것으로 보고되고 있다. 이는 창업 및 기업퇴출과 관련된 각종 규제가 지나치게 강하여, 창업을 시도하기가 어렵고, 한 번 창업한 후에는 비록 역량이 부족하더라도 잘 도태되지 않는 환경임을 시사하고 있다. 그러므로 혁신시스템의 관점에서 보면 다양한 아이디어가 창출되지 않고, 선택의 압력도 크지 않다는 점을 의미한다.

셋째, 역사적, 문화적 전통이 강하기 때문에 새로운 기술을 받아들이는 데 제도적 저항이 거셀 수 있다. 전통은 현재의 성공을 뒷받침하는 강력한 기반이 되기도 하지만, 새로운 기술적 틀로 전환하여야 할 때 인프라와 제도가 함께 진화(공진)하지 못하여 장애요인이 되기도 한다. 유럽 국가들의 인터넷 보급률이 신흥공업국들에 비해 낮은 것도 이를 간접적으로 보여주는 사례라 할 것이다.

넷째, 핀란드의 울루 지역, 이탈리아의 제3지대와 같이 각 나라 별로 다양한 혁신 클러스터가 잘 발달되어 있다(복득규 외, 2003). 각 클러스터의 발전단계와 양상은 상이하지만, 다양한 클러스터는 혁신에서 집적의 경제가 발휘될 기회가 많다는 것을 의미하는 것으로서 이들 지역혁신체제를 심화, 연계해나갈 경우 성과가 작지 않을 것임을 시사한다(Cook and Memedovic, 2003).

이상의 혁신시스템적 특징을 요약하면 독자적인 작은 시스템으로 분할되어 있는 유럽의 혁신시스템은 분할이 지닌 많은 문제점을 가지고 있지만, 동시에 지역적으로 집적된 클러스터가 다수 형성되어 있는 장점과 특징이 있기도 하다.

### 3) 도전과제

1990년대까지 유행하였던 핵심산업, 대표기업(champions), 핵심기술 등의 개념은 유럽의 기술정책이 대체로 6장에서 논의한 산업기술정책의 범주에 있었다는 것을 시사한다. 즉 유럽의 경제를 뒷받침할 전략산업에 대한 합의에 기반하여 이를 뒷받침하기 위한 핵심기술의 개발을 정책적으로 지원하여야 한다는 논리적 흐름을 따랐다. 이는 바이오기술, 나노기술 등 범용의 원천과학기술을 강조하되 특정한 전략산업을 지칭하지 않는 미국적 정책논리와 차이가 있는 점이다. 전략산업 및 이와 관련된 핵심기술에 대한 미국과 유럽의 정책적 입장 차이는 세계의 기술 발전 및 산업경제를 선도하는 위치에 놓인 국가와 따라잡아야 하는 입장에 놓인 국가들과의 차이를 반영하는 것이라 할 수 있다.

그러나 이러한 유럽의 기술정책 노력들이 기대한 대로 성과를 거둔 것으로 평가되지는 않고 있다. 그 이유는 1999년 유럽통화의 통합 이전까지 여전히 국별 시장이 분할되어 있어 하나의 시장으로 규모의 경제를 충분히 가져다주지 못하였기 때문이다. 이는 유럽 대표기업(European champion) 혹은 대표 산업을 육성한다는 목표에 근본적 제약이 있을 수밖에 없다는 의미이며, 이를 뒷받침하기 위한 핵심기술의 개발도 자연스럽게 그 효과가 더디게 나타날 것임을 시사한다. 또한 이전의 많은 국가 간 경쟁력 비교연구에서 지적되어온 바와 같이 유럽의 제도적 환경이 기술혁신이 탄생, 확산, 수용되는 환경, 그리고 혁신의 중요한 주체인 기업의 활동에 우호적인 환경을 제공하고 있지 못하고 있기도 하다. 이는 제반 제도적, 경제적 환경이 과거의 관행에 지나치게 얽매여 있는 상황에서는 핵심기술만을 개발한다고 해서 성과가 나타날 수 없음을 의미한다.

이러한 문제의식을 반영하여 1990년대 이후 유럽은 기술정책적 관점에서 큰 변화를 겪고 있는 중이다. 그 변화를 가장 잘 요약하여 보여주고 있는 것이 2000년 3월 발표된 1차 리스본 선언이다. 리스본 선언은 1999년 유로화 출범을 계기로 단일경제로서의 유럽이 가진 정체성을 재확인하고, 혁신에 기반하여 미국을 따라잡겠다는 의지를 명시적으로 제시한 유럽 각국 정상들 간의 전략적 합의이다.

이 선언의 의의는 유럽의 활력을 되찾기 위해서 혁신을 우선해야 한다는 점을 명시적으로 제시하고, 이를 위해 제반 정책을 혁신의 관

**리스본 선언**

리스본 선언은 2000년 3월 포르투갈의 수도 리스본에서 유럽연합(EU) 15개국 정상들이 합의, 서명한 유럽연합(EU)의 장기적인 발전전략을 지칭한다. 2010년까지 '세계 최고의 경쟁력을 가진 지속가능한 지식기반 경제구축'을 목표로 유럽 고유의 사회 결속과 환경보호를 존중하면서 높은 성장과 고용을 추구하는 것을 중심 내용으로 한다. 2000년 리스본 정상회담에서 유럽연합(EU)은 2010년까지 미국을 추월하여 세계에서 가장 역동적이고 경쟁력 있는 지식기반 경제권을 이루어 나가겠다는 목표를 제시하였다. 과학기술지식 창출 및 확산, 유럽연합(EU) 단일 시장 활성화, 기업 환경 개선, 노동시장의 유연성 향상, 환경 친화적 지속가능한 성장이라는 5대 방향을 토대로 구체적으로는 고용률 70퍼센트, 실질 경제성장률 3퍼센트, 일자리 2천만 개 창출, GDP 대비 R&D 투자비율 3퍼센트 등 총 6개 분야에서 20여 개의 목표치를 설정하였다. 그러나 2004년 3월 리스본 전략의 이행에 대한 중간 평가결과 기대보다 성과가 미흡하다는 판단에 따라 유럽연합(EU) 정상들은 전략을 재정비하기 위해 2005년 3월 벨기에 브뤼셀에서 성장과 고용에 초점을 둔 리스본 수정전략을 채택하게 된다.

점에서 정렬할 것을 요구했다는 것이다. 이는 혁신의 문제를 단순히 연구개발(R&D)의 문제로 한정했던 경향에서 벗어나 여러 가지 정책을 포괄적으로 바꾸어갈 때 혁신이 이루어진다는 인식을 갖게 된 것이다. 이러한 인식의 전환에는 핀란드, 스웨덴 등 북유럽 강소국들이 극심한 경제위기 상황에서 국가의 모든 정책을 기술혁신 관점에서 재정렬하고 종합적으로 집행해나간 성공적 경험에 힘입은 바 크다.

**| 핀란드의 국가적 혁신정책 성공사례 |**

"핀란드의 국가혁신정책은 초기에는 정부부문이 주도하였다. 핀란드 정부가 국가경쟁력을 강화하고 산업구조를 다양화할 목적으로 혁신정책을 발전시켜왔으며 이후 1990년대 초반을 지나면서 IT산업분야가 중요해지면서 민간부문의 역할이 증대하게 되었다. 핀란드는 1960년대 초부터 국가 차원의 과학기술정책의 조율과 총괄을 위한 최상위 레벨의 과학정책회의를 조직하고 R&D 활성화를 위해 SITRA(Finnish National Fund for Research and Development)를 설립하여 민간기업의 R&D 자금을 지원하였다. 이후 미래 신성장기술 발전을 위한 전략 R&D 투자가 선진국을 중심으로 확대되면서 핀란드 기술연구 및 개발확산을 위한 Tekes(National Technology Agency)가 설립되었다. 1990년대 들어서면서 (중략) 기존의 전략적 기술개발투자에서 국가 차원의 제도적 환경 조성 전략으로 전환되었다. 특히 기업 간 연계, 기업과 연구기관, 대학과의 긴밀한 협력을 강조하면서 국가적인 네트워크 강화를 통한 혁신역량 향상을 주도하였다. 핀란드의 혁신정책 보고서에 의하면 핀란드 혁신정책의 세 분야로서 혁신문화의 육성, 혁신촉진적인 제도 환경 조성, 과학기술연구에서 혁신으로의 전환을 들고 있는데 이는 핀란드 정부가 기술개발을 바탕으로 하는 과학기술정책에서 나아가 지역혁신 클러스터 육성, 지역 및 글로벌 연계 강조, 학제간 연구 및 제도적 개선을 통한 국가적 차원의 혁신정책을 시도했음을 확인해준다."

출처: 이우성 (2005)

그러나 애초의 의욕적인 목표와 전략에도 불구하고 2005년 중간점검을 한 결과 성과가 기대에 미치지 못하고, 정책의 구현 방법이 효과적이지 않은 것으로 결론이 지어졌다. 이에 그간의 경험을 비판적으로 수용하고, 변화된 상황을 감안하여 2005년 3월 2차 리스본 선언을 하기에 이른다.

2차 리스본 선언은 1차 리스본 선언이 성장과 사회통합이라는 다른 두 가지 가치를 함께 달성하려 하였기 때문에 목표설정에서부터 비효율적일 수밖에 없었다는 점을 인정하고, 성장에 초점을 맞추는 것으로 목표를 단순화시켰다. 성장을 뒷받침하는 것이 기술혁신이라는 대전제 아래 모든 정책들을 혁신에 더욱 초점을 맞추어 제시하였다. 즉 3대 대전략부문으로 제시된, (i) 기업과 투자하기 좋은 환경의 조성, (ii) 지식과 기술, (iii) 인적자원과 고용의 문제가 기술혁신의 주요한 요소들인 기업가 정신, 투자, 기반기술, 인적자원 들을 고루 담아내고 있음을 알 수 있다. 이전 1차 리스본 선언과 마찬가지로 혁신적인 유럽을 만들기 위해서 단지 연구개발투자만을 문제 삼는 것이 아니라 기업환경이나 고용과 관련된 여러 정책들을 모두 고려 대상으로 하고 있다는 점이 주목할 만하다.

특별히 리스본 선언에서 연구개발과 관련된 정책으로는 1984년부터 시행되어온 EU 프레임워크(FRAMEWORK) 프로그램이 혁신지원 관점에서 중요한 수단으로 그 역할을 계속하게 될 것으로 보인다.

리스본 선언은 EU가 1980년대까지 다분히 산업정책, 산업기술정책적 요소를 가지고 있던 것에서부터 기술혁신정책으로 변모해가는 전환과정을 잘 보여주고 있다(Soete, 2007). 그 배경에는 (i) 시장통합

| 2차 리스본 선언의 개요 |

"2004년 3월 벨기에 브뤼셀에서 열린 유럽연합(EU)의 정상회담에서는 1차 리스본 선언의 성과가 기대보다 미흡하다는 판단에 따라 리스본 전략을 수정하였다. 이에 따라 2005년 2월에 경제성장과 고용확대에 초점을 맞춘 장기 경제성장 계획을 발표하였는데 이것이 2차 리스본 전략 (또는 리스본 전략 수정안Renewed Lisbon Strategy)이다. 2004년 11월에 발표된 1차 리스본 선언에 대한 중간 평가에 의하면 노동생산성은 미국보다 25퍼센트, 일본보다는 30퍼센트 이상 떨어졌으며 실업률 또한 8.9퍼센트로 미국의 5.4퍼센트, 일본의 4.4퍼센트보다 훨씬 높은 것으로 추정되었다. 또한 연평균 투자증가율 역시 1.7퍼센트에 그쳤으며 연간 연구개발 투자도 미국보다 1천억 유로나 적은 것으로 나타났다. 무엇보다도 2000년 이후 EU의 전반적인 경제사정 악화로 인해 경제 호황기에 수립된 리스본 전략의 목표 달성에 문제가 생겼으며 중국, 인도 등의 빠른 경제성장으로 더욱 치열한 경쟁이 예상됨에 따라 리스본 전략의 대폭적인 수정이 불가피해졌다. 이에 대응하여 제시된 리스본 전략 수정안은 투자확대, 경제성장 및 고용창출을 3대 핵심목표로 하여 다음의 표와 같은 10대 실행계획으로 구성되어 있다."

| 핵심목표 | 리스본 수정안의 실행계획(Lisbon Action Plan) |
|---|---|
| 투자확대 | 1) 국내시장 자유화 및 통합 (에너지, 교통시장 자유화 등)<br>2) 개방적이고 경쟁력 있는 시장 확보 (DDA 승인, FTA 추진 등)<br>3) 규제 완화 (행정비용 영향 평가시스템 구축 등)<br>4) 인프라 확충 (통신 네트워크 프로젝트 추진 등) |
| 경제성장 | 5) R&D 투자 제고 (GDP의 3퍼센트 수준 등)<br>6) 기업혁신, ICT 및 자원의 효과적 활용 (역내 특허권 규제 등)<br>7) 역내 산업기반 강화 (하이테크 산업 육성 등) |
| 고용창출 | 8) 취업률 제고 및 사회보호 시스템 현대화 (연금, 의료 개혁안 도입 등)<br>9) 노사화합 추진 및 노동시장 유연성 증대 (고용연금법규개선 등)<br>10) 인적자본 투자 증대 (European Initiative on Youth 제안 등) |

출처: 수은해외경제(2005)

이 지체되면서 규모의 경제에 기반한 유럽대표기업을 육성하고자 하는 시도가 성공적이지 못했고, (ii) 북유럽 강소국의 총체적 국가혁신 전략이 성공하였으며, (iii) 혁신정책에 대한 이론이 1970년대 이래로 유럽을 중심으로 형성되어온 뿌리 깊은 지적전통이 있었기 때문이다. 그러나 유럽의 혁신시스템은 산업혁명 이래 오랜 산업화의 경험을 축적하여 혁신의 기반이라 할 수 있는 물적 토대가 충분히 형성되어 있고, 300년 전 과학혁명을 태동시켰을 만큼 강력한 기초원천기술력을 가지고 있다는 특징이 있다. 그러므로 리스본 전략으로 대표되는 포괄적 혁신정책으로서의 기술정책은 위와 같은 물적, 지적 토대가 충실히 갖추어져 있다는 자신감 위에서 고려할 수 있는 정책지향이라 할 수 있다.

## 7-3 일본

### 1) 배경 및 역사

일본의 기술정책 형성과정은 후발추격국가로서 산업화의 과정과 떼어 설명할 수 없다. 1866년 시작된 메이지 유신은 일본 근대화의 시발점이었다. 근대화의 목표는 경제적으로나 군사적으로 강력한 국가를 건설하는 것이었고, 출발은 전략적 산업을 중심으로 국가적 역량을 모아가는 것이었다. 최초로 선택된 전략산업은 면직물산업(cotton industry)이었다. 이 전략산업의 육성을 위하여 정책적 지원하에 적극적인 기술도입이 이루어졌고, 당시 일본이 가진 요소부존적 조건과 수요특성이 잘 합치되어 성공적으로 발전하였다. 이 과정에서 근대적 의미의 생산체제에 대한 경험이 축적되었고, 기술혁신의 중요성에 대한 국민적 인식이 높아졌다. 나아가 정부는 대학설립, 근로자 교육시스템 정립 등을 통한 인적자원의 공급을 비롯해 여러 가지 성공적인 정책지원의 경험을 축적했다.[30]

민간과 정부가 함께하여 국가적 역량을 총력 집중하는 일본식 시스템은 테크노내셔널리즘(techno-nationalism)이라는 개념으로 요약된다. 테크노내셔널리즘은 기술력을 갖는 것이야말로 경제적으로 부유하고, 군사적으로 강력한 국가를 만드는 기초라는 믿음에 근거하여, 기술을 개발, 흡수, 발전시키기 위하여 정부와 공공이 힘을 합쳐 노력해야 한다는 사고를 의미한다. 이러한 경험과 사고방식에 따라 1990년대에 이르기까지 철강, 자동차, 전자산업 등 국가적 전략산업을 하나하나 키워나가는 데 성공했다.

1950년대 이래 일본의 자동차와 전자산업의 발전과정은 산업발전과 기술정책의 측면에서 일본의 특징을 압축해서 잘 보여주고 있다. 첫째, 원천기술에 초점을 두는 것이 아니라 응용 혹은 공정상 혁신에 초점을 맞추었다. 둘째, 당시 통상산업성(MITI)의 주도하에 정부–은행–기업간 긴밀한 협력에 기초하여 산업구조조정 및 기술개발을 추진하였다. 셋째, 직무교육(OJT: On-The-Job Training)시스템, 종신고용시스템, JIT(Just-in-Time) 시스템 등 기술적 발전뿐 아니라 사회적 관행과 기업관계를 포함한 광범위한 사회구조 변화를 동시에 추진했다.

30 Ruttan(2001)은 전후 일본의 발전과정에서 전형적으로 나타나는 정부와 민간의 강력한 협력관계도 초창기 근대산업의 전략적 발전과정에서 태동한 구조로 보고 있다.

이러한 특성은 하나의 일본주식회사로서 일본의 경쟁력을 뒷받침하는 핵심요소가 되어왔고, 80년대 미국의 상대적 경쟁력 약화를 설명하는 주된 요인이 되기도 했다.

일본의 산업발전과정은 산업정책의 모범적 사례로서 한국을 비롯하여 일본의 경제적 영향권 아래 있던 많은 국가들에게로 전수되었으며, 특히 한국의 경우 상황에 맞게 특화시켜 성공한 사례가 되기도 하였다(Yusuf, 2003).

기술 정책적 관점에서 보면 일본의 산업발전과정에서 다양한 기술개발 지원정책 사례를 볼 수 있다. 대표적으로 DRAM산업을 한 단계 발전시킨 VLSI 기술은 공동연구개발지원 정책의 대표적 성공사례로 인정되고 있다. 이외에도 다음의 사례에서 소개되는 바와 같이 많은 공동연구개발을 지원한 바 있다.

그러나 기술혁신을 지원하기 위한 정책들은 정부-산업계 공동의 합의에 의해 전략산업이 선정되었을 때 이를 뒷받침하기 위한 정책으로서 의미를 가진다. 이러한 의미에서 지금까지 일본의 기술정책은 산업정책의 하위수단으로서, 보다 엄밀한 의미에서는 산업기술정책으로서 정체성을 가진다고 할 수 있다.

### 2) 혁신시스템의 특징

일본의 혁신시스템적 특징은 기업관계, 금융제도, 교육훈련, 혁신연계, 그리고 경로의존성의 관점에서 각각 다음과 같이 파악된다. 첫째, 기업관계의 측면에서 일본은 대표적으로 대기업-납품기업의 중층적 계열관계가 잘 발달되어 있는 국가이다. 강력한 계열관계는 안정

**| 일본의 공동연구개발지원정책의 성과 |**

1959년 일본 통상산업성(MITI)과 항공기 제조업체들은 '터보추진항공기 개발(Turboprop Aircraft Development)' 프로젝트를 시작으로 공동연구를 활성화하고자 하였다. 이외에도 많은 공동연구개발 프로젝트가 1960~1970년대 진행되었다. 정부는 이를 뒷받침하기 위해 1961년 광공업기술개발조합법(The Act of the Mining and Manufacturing Industry Technological research Association)을 제정하였고, 이에 기반하여 연구개발 조합을 통한 연구 인력과 기금의 풀을 본격적으로 운영하기 시작하였다. 시간이 지나면서 공동연구개발 지원정책의 내용이 직접적인 R&D 보조 정책으로부터 간접적인 R&D 지원정책으로 진화하였다. 산업별로 살펴보면, 전자 및 기계 산업이 가장 큰 비중으로 차지하고 그 다음으로 재료, 화학, 에너지 산업이 차지하였다. 한국도 이와 유사한 흐름을 따라 연구개발 조합을 활성화하고자 노력한 바 있다. 일본과 한국의 R&D 공동연구조합의 특성차이는 다음의 표와 같이 정리할 수 있다.

| | 일본 | 한국 |
|---|---|---|
| 비교기간 | 1959~1992 | 1982~1997 |
| 컨소시움의 수 | 237 | 190 |
| 참여기업 수 | 1181 | 349 |
| 프로젝트당 예산규모<br>(백만 달러: 1985년 화폐가치기준) | 60.7 | 4.2 |
| 기업당 평균 프로젝트 수 | 3.0 | 1.8 |
| 평균존속기간 (년) | 6.9 | 3.8 |
| 평균 정부기여비율 (%) | 66 | 40 |

출처: Sakakibara and Cho(2002) 참조

된 기술 환경하에서 효율적인 생산체제를 구축하는 데 큰 힘을 발휘하지만 창업을 저해하고 계열 내에서만 혁신아이디어를 구하고자 하는 경향을 강화시키는 단점이 있다.[31] 따라서 혁신관점에서 볼 때 새로운 창의적 아이디어가 자생적으로 생겨날 공간이 충분하지 않아 새로운 기술흐름을 쫓아가는 데 어려움이 있을 수 있다.

금융적 측면에서는 독일과 함께 전통적으로 은행중심 체제를 유지해온 특징을 가지고 있다. 은행중심 체제는 증권시장을 중심으로 한 직접금융조달시장 체제와 달리 위험기피 성향이 높기 때문에 물적투자 위주의 안정적이고 장기적인 투자를 선호하는 경향이 있다. 따라서 벤처투자 등 위험을 공유하는 투자가 활성화되기 어려운 단점이 있다.

노동시장에서는 종신고용제가 오랫동안 자리 잡아왔고, 그 결과 기업의 교육훈련투자(OJT)는 많지만, 인력유동이 크지 않아 연계활동이 미비하고, 기업의사결정구조가 위계적으로 되는 단점이 있다. 이 역시 창의적 아이디어와 신속한 의사결정이 중요한 최근의 혁신 경향과 배치될 수 있는 여지가 크다.

대학과 산업 간 장벽이 높아 협동연구나 인력이동이 극히 부족한 것도 일본의 혁신시스템상 특징이라 할 수 있다. 이는 기업측면에서 종신고용제에 기반하여 기업이 자체개발(in-house development)을 우선하는 전통과, 대학이 상아탑으로서의 독립적인 위상을 유지하고자 하는 전통이 함께한 결과로 볼 수 있다.

이상의 혁신시스템적 특징 이외에 가장 중요한 특징으로는 모방국

31 1990년대 말까지 미국의 창업률이 13퍼센트대였으나 일본은 5퍼센트에 미치지 못하였다(Nezu, 2007).

가로서의 사회체제가 오래도록 유지되어왔기 때문에 경제사회 각 부문의 제도와 관행이 창의보다 모방과 적용에 유리하도록 형성되어 있다는 점이다.

혁신시스템적 측면에서 장점으로 꼽을 수 있는 것은 세계 최고수준을 자랑하는 인적자원과 높은 제조기술역량, 그리고 사회적 신뢰를 들 수 있다. 또한 수직적 위계관계에 기반한 정책 일관성도 장점으로 생각할 수 있다. 즉 과거의 통상산업성(MITI: Ministry of International Trade and Industry), 그리고 현재의 경제산업성(METI: Ministry of Economy, Trade, and Industry)가 각 부처의 혁신정책을 사실상 조율하면서 일관성을 유지해나가는 체제를 이루고 있다(Nezu, 2007).

### 3) 도전과제

1990년에서 2002년까지 일본은 이른바 '잃어버린 10년'이라고 일컬어지는 '헤이세이 불황'을 맞이하였다. 일본 역사에 유래가 없을 만큼 심각하고 오랫동안 지속된 이 불황기로 인해 일본의 발전양식에 대해 근본적인 검토가 요구되었다(Motohashi, 2004).

일본은 10년 불황을 겪으면서, 위에서 언급한 혁신시스템상의 문제를 극복하기 위해 지난한 노력을 기울여왔으나, 아직까지 많은 문제들이 여전히 숙제로 남아 있다. 가장 크게는 그간 성공적이었던 '제조일본'으로서의 발전양식에서 벗어나지 못하고 있는 것이다. 이는 혁신시스템적 관점에서 볼 때 중대한 혁신가의 딜레마(innovator's dilemma)[32]에 빠져 있는 것을 의미한다. 기업 간 강력한 계열관계, 내부개발(in-house development) 우선주의, 인력이동을 가로막는 종신고

**| 일본의 잃어버린 10년: 원인과 경과 |**

"일본은 버블경제 붕괴 이후 10년간 경제위기를 3차례 반복했다. 1992년부터 3년간 제로성장이 지속되자 총 44조 엔의 재정자금을 투입하여 경기부양을 도모했다. 1995년 경기부양 효과가 미미하자 엔저로 불황탈출을 시도했고 미국의 강한 달러와 맞물려 경기가 회복되기 시작했다. 그러나 1997년 하시모토 정권은 재정 재건을 위해서 소비세를 인상함으로써 경기회복에 찬물을 끼얹었다. 이에 더해 1998년 아시아 경제위기가 가세하여 다시 마이너스 성장을 기록했는데 그 뒤 58조 엔의 경기부양책과 60조 엔의 공적자금 투입으로 마이너스 성장을 모면했다. 하지만 2001년 들어 금융기관 부실채권 문제가 표면화되어 일본 경제의 3번째 위기가 발발했다. 이러한 일련의 경제위기 배경에는 (i) 부실채권처리 실패 (10년간 부실을 정리했으나 2001년 당시에도 아직 64조 엔이 잔존. 이것은 1980년대 말 과잉 유동성으로 인한 버블경제시기에 발행한 것으로 3대 버블업종에 대한 대출채권이 부실의 온상으로 지목됨), (ii) 구조조정 지연 (제조업 최강국 일본기업의 경쟁력이 1990년대 들어서 문제점을 노출했음에도 불구하고 구조조정이 지연되면서 경쟁력이 도태), (iii) 정치 리더십 부재와 정책실패 (일본 특유의 파벌정치와 연립정부의 한계로 리더십이 실종되었고 정치인들의 부패와 자질문제가 경제의 발목을 잡음), (iv) 관료의 보수성과 조직 이기주의, (v) 변화를 거부하는 국내적 시야에서 찾아볼 수 있다."

출처: 삼성경제연구소 (2001)

용제, 비용절감형 혁신우선 경향, 관료적 의사결정구조 등이 여전히 새로운 기술혁신을 창출하고, 받아들이는 데 장애가 되고 있다. 또한

32 혁신가의 딜레마란 Christensen(1997)에 의해 제시된 것으로 성공한 기업들은 과거의 성공양식에 얽매이는 경향이 강하기 때문에 새로운 기술패러다임이 등장하더라도 이에 재빨리 적응하지 못해 실패하게 된다는 점을 강조하는 개념이다. 기술 혁신의 특징에서 강조된 경로의존성(path dependency)을 일반화한 개념으로도 볼 수 있다.

제조업을 우선하는 관행을 추종함으로써 서비스업의 생산성이 국제적 관점에서 가장 낮은 수준에 이르고 있는 등 경제전반에 혁신시스템실패 요인이 산재해 있다(Posen, 2002).

이러한 문제를 해결하기 위하여 일본 정부는 과감한 규제완화, 민영화 조치를 필두로 M&A활성화를 위한 제도정비 및 지원, 대학과 산업 간 협동연구 장려를 위한 제도정비, 지역클러스터 활성화 지원, 창업활성화를 위한 제도정비 등의 노력을 1990년대 말부터 지속적으로 추진해오고 있다(Nezu, 2007). 불황을 타개하기 위한 위와 같은 제도적 변화들은 기술혁신의 관점에서 보면 모두 혁신시스템상의 실패요인을 교정하고자 하는 것들로서 기업 활동에 장애를 없애고, 다양성 창조와 선별의 매커니즘을 강화하며, 연계를 강화하는 등에 집중되어 있는 것으로 볼 수 있다. 또한 기술혁신에 직간접적으로 영향을 미칠 위의 제도적 변화를 일본 정부의 사령탑이라고 할 경제산업성(METI)이 주도하고 있다는 점도 정책정합성의 관점에서 주목할 만하다.

과학기술 분야에 한정해서도 새로운 혁신체제를 갖추기 위한 노력이 추진되어왔는데, 대표적으로 과학기술과 사회와의 연계 강화를 목표로 한 총리실 주도의 '이노베이션 25계획(2006)'을 예로 들 수 있다. 이 계획에서는 과학기술이 궁극적으로 기여해야 할 목표로서 경제적 목표 이외 포괄적인 삶의 질에 관한 목표들을 아울러 제시하고 있다. 이러한 목표를 달성하는 방법에서도 구체적인 핵심산업 혹은 핵심산업기반 기술을 제시하는 것이 아니라 좀 더 원천적이고 범용의 기초원천기술 분야와 기반제도의 정비 문제를 적시하고 있다. 이 계획은 혁신의 성과를 얻기 위해서는 단순히 연구개발에 필요한 자금이나 인력 등 투입을 늘리는 것이 아니라 기술과 사회와의 복합적인 관계를 총체적으로 고려하여 시스템을 정비해 나가야 한다는 점을 강조하고 있다. 한편, '이노베이션 25'는 앞 소절에서 언급된 백악관 주도의 '미국경쟁력강화계획(America Innovation Initiative)과 지향점에서 상당한 차이가 있다. 끊임없는 기술혁신이 국가 경쟁력의 기초라는 인식은 동일하지만, 접근방법에서 미국의 계획이 기초원천기술의 강화에 집중되어 있다면, 일본은 보다 포괄적인 제도적 정비의 문제로 확대되어 있다. 이는 미국의 경우 기업환경 등 제반여건이 이미 혁신 친화적으로 잘 갖추어져 있기 때문에 기초원천기술 이외의 부문을 특별히 강조할 필요가 크지 않은 데 비해, 일본의 경우 과거 협소하게 인식되어오던 기술정책의 포괄범위가 확대 해석되어야 할 시점이기 때문이다.

**| 일본의 '이노베이션 25' 개요 |**

"'이노베이션 25'는 아베 총리의 연설 중에 포함된 정권 공약의 하나로 일본 성장에 공헌하는 혁신 창조를 위한 장기적 전략지침이다. 2025년까지 (i) 평생 건강한 사회, (ii) 안전하고 안심할 수 있는 사회, (iii) 다양한 인생을 보낼 수 있는 사회, (iv) 세계적 과제 해결에 공헌하는 사회, (v) 세계에 열린사회를 건설하는 것을 5대 목표로 하여 단기, 중장기 과제를 확립하고 중점 과학기술 개발 로드맵을 제시하였다. 정부 및 일부 전문가가 주도하는 혁신의 한계를 인식하고 국민의 의견을 수렴하여 국민이 바라는 미래 모습에 기반한 혁신 추진을 의도하였으며 기술혁신과 함께 법, 제도를 비롯한 사회시스템 개혁을 병행함으로써 시너지 효과를 도모하였다. 특히 교육 강화 및 개혁, 해외 인재 투입을 위한 환경 개선 등 과학기술 인재혁신을 위한 기반 마련을 의도하였다."

출처: 한국과학기술기획평가원(2007)

경제산업성(METI)를 중심으로 한 일련의 경제개혁이나 '이노베이션 25'는 기술혁신이 일본의 성장에 중요하다는 문제인식을 공유하고 있다. 아울러 이러한 기술혁신의 문제를 다루는 데 있어 R&D투자를 늘리자는 방식으로 접근하는 것이 아니라 여러 제도와 주체들이 시스템적으로 연계되어 있다는 인식에 기초하여 총체적 시스템 교정을 꾀하고 있다는 점이 공통적이다.

## 7-4 한국

### 1) 배경 및 역사

한국은 신흥 개발도상국 중 전략적 산업정책으로 성공한 대표적인 국가이다. 그 과정에서 기술정책은 산업정책의 하위기능을 맡아왔고, 집중 육성대상 산업의 기반기술을 공급하는 데 주된 의의를 두었다. 한국의 혁신시스템적 특징 역시 산업정책의 적용과정에서 형성된 것이다. 따라서 국내 기술발전의 과정 및 기술정책의 흐름을 이해하기 위해서는 우선 산업발전 및 산업정책의 특징적 요소를 이해하는 것이 중요하다고 할 것이다.

한국 산업화의 과정과 각 시기별 기술혁신관점에서의 주요 키워드를 간략히 요약하면 다음과 같다.

우리나라의 산업은 1960년대 본격적인 경제발전이 시작된 이래 요소주도, 투자주도, 혁신주도의 단계를 거쳐 발전해왔다. 현재 혁신주도 단계로 완전히 이행하였는지에 대해서는 논란이 많지만, 하이테크 제품의 수출비중이나 특허성과, 혁신투자의 비중 등을 감안할 때 최소한 혁신주도에 가까운 성장단계에 와 있는 것으로 평가된다.

각 단계별로 정부는 명시적인 산업정책의 목표와 수단으로 산업발전과정에 개입해왔다. 그러나 1990년대 이후 혁신의 중요성이 부각

**[표 7-1] 우리나라의 산업화 과정**

| 기간<br>(발전단계: 경쟁력 원천) | 산업정책방향 | 기술정책 |
|---|---|---|
| 1960년대<br>(투입요소주도성장: 저임금 노동력) | · 본격적인 경제개발 추진<br>· 수출지향적 경공업 육성 | · 과학관련 기관 설립 (과학기술처, KIST)<br>· 과학기술관련 법제 제정 (과학기술진흥법) |
| 1970년대<br>(투입요소주도성장 → 투자주도성장: 생산능력) | · 중화학공업 육성 | · 과학기술 인프라 구축 (공공연구소 건립, 대덕단지 건설시작, KAIST 모태 출발) |
| 1980년대<br>(투자주도성장 → 기술주도성장: 생산능력) | · 중화학분야 산업합리화<br>· 기술기반 산업 육성 | · 민간연구소 육성<br>· 산업기술지원 강화(공업기술기반사업)<br>· 목적지향적 지원(특정연구지원사업) |
| 1990년대<br>(투자주도성장 → 기술주도성장: 생산능력 → 기술역량) | · 개방화와 민간주도 경제운용<br>· 하이테크 혁신 촉진 | · 전략분야 집중투자(G7 프로젝트, 협동연구장려, 프론티어사업) |
| 2000년대<br>(기술주도성장: 기술역량) | · IMF체제에서의 산업구조조정<br>· 혁신주도형 경제로의 전환, 지식기반 경제체제 육성 | · 기술혁신시스템 강화 |

출처: World Bank(2006), 김원규, 김인철(2008) 등 참조

되고 대외적인 통상환경이 변화함에 따라, 명시적인 산업정책은 퇴조하고 점차 혁신을 진작하기 위한 기술정책으로 전환되고 있는 중이다. 2000년대 들어서는 기술혁신시스템 이론을 폭넓게 받아들여 기술정책의 전반적인 목표를 기술혁신시스템의 정비에 두고 각종 정책을 펼치는 중이다. 그러나 1990년대 이전까지 기술정책이 산업정책의 하위정책으로서 기술이라는 투입요소를 담당하는 낮은 위상을 차지했다는 점은 분명하다.

경제발전 초기 기술정책이 산업정책의 하위 역할을 담당하는 것은 기술역량이 충분히 배양되지 않은 상태에서 당연한 일이라고도 할 수 있다. 이러한 열악한 환경에도 불구하고 한국은 경제발전 초기부터 과학기술 인프라를 구축하기 위한 노력을 체계적으로 수행해온 것 또한 사실이다. 1970년대 중후반에 이를 때까지 분야별 공공연구소를 설립하였으며, KAIST설립 등 고급인재양성을 위한 체제를 구축하였고, 연구개발에 대한 예산을 지속적으로 증가시켜왔다. 이러한 노력이 1990년대 이후 기술주도로 전환되는 데 밑거름이 되었음은 물론이다.

한국 기술정책의 발전에서 기억해야 할 점은 첫째, 초기 기술정책이 대체로 선진기술의 도입, 소화, 개량에 초점이 맞추어져 있었다는 점이다. 이는 모든 후발국들이 경제발전 초기에 당면하는 과제이기도 하다. 이러한 모방을 원활하게 하기 위해 각종 기술정책이 활용되었다(Kim and Dahlman, 1992). 구체적으로 1970년대 초중반까지 이공계 대학, 공업계 전문대학을 확충하고 국가기술자격제도를 시행하여 초기 산업화 인력을 공급하는 데 주력하였다. 이와 동시에 직업훈련기관도 대폭 확충했다. 이러한 인력정책은 고급 과학기술인재를 양성하는 것이 목적이 아니라 도입된 선진장비, 기술을 이해하고 적용할 수 있는 현장인력을 공급하는 것이 목적이었다. 또한 KIST를 포함한 공공연구소들의 역할은 새로운 기술적 변경을 개척하는 것이 아니라 선진기술을 해독, 전수하는 센터로서 기능하는 것이었다. 이를 뒷받침하기 위해 정부는 외국인직접투자(FDI)를 억제하거나 선별적으로 허용하고, 대신 자본재 수입이나 라이센싱을 지원하는 정책을 시행하였다. 이러한 초기 발전기의 기술정책사례들은 경제발전단계와 조응하는 기술정책이 필요하다는 점과 기술정책 외 무역이나 외국인투자정책, 인력정책 등 다양한 정책들이 조화롭게 이루어질 때 기술역량이 배양될 수 있다는 점을 잘 보여준다.

둘째, 1980년대 중반에 이르러 산업정책의 변화와 기술개발 지원방식의 변화가 함께한 점 또한 기억할 만하다. 1980년대 중반까지 중화학분야의 산업합리화 조치가 어느 정도 마무리된 후 1986년 정부는 철강, 기계, 조선, 전자 등 개별산업별로 존재하던 육성법을 폐지하고 공업발전법으로 전환하였다(이성훈 외, 1989). 이 변화는 업종별로 생산과정에 직접 개입하던 방식에서부터 모든 산업에 적용되는 기능별 지원정책으로 전환한 것을 의미한다. 이는 기술정책에서 흔히 언급되는 프레임워크 정책으로 전환한 것이라 할 수 있다. 이 시기를 전후로 1982년의 특정연구개발사업, 1987년의 공업기반기술사업 등 진보된 의미의 기술개발지원정책이 시행되었다. 이러한 기술개발 지원정책들은 경제개발 초기 기술도입흡수에 주력했던 우리 산업이 비록 미약하나마 창의적인 기술에 도전할 수 있는 토대가 마련되었음을 의미하는 것이다. 이 사례도 앞서와 마찬가지로 경제발전단계가 변화해나가면서 산업정책과 기술정책이 함께 변화해나가야 한다는 점을 잘 보여주는 것이라 할 수 있다.

### 2) 혁신시스템의 특징

우리나라 혁신시스템의 특징은 일본과 상당히 유사한 면이 많다. 이는 첫째, 경제개발 초기부터 일본과의 상품 및 기술교역이 많았기 때문이고, 둘째, 우리의 산업 및 기술정책이 일본의 것을 답습한 경우가 많았으며, 셋째, 위계적 사회구조 등 문화의 관점에서 동아시아적 특성을 공유하고 있기 때문이다.

일본 혁신시스템의 특성에서 논의한 바와 중복되는 요소는 첫째, 대기업 중심의 계열체제가 강하게 자리하고 있는 점이다. 우리나라의 경우 30대 대기업이 차지하는 비중이 GDP의 50퍼센트를 상회할 만큼 막대한 영향력을 가지고 있다. 둘째, 외환위기 이후 일부 변화가 있으나 여전히 은행 중심의 자금조달체제를 가지고 있다. 셋째, 대학과 산업 간의 연계가 미약하다. 넷째, 조립장치산업 위주의 성공적 전략이 내포한 문제점으로서, 부품소재산업이 취약하고 서비스업의 생산성이 낮다.

이러한 특성들은 기술혁신의 관점에서 볼 때 새로운 아이디어를 기반으로 창업하기가 어렵고, 장기적 경쟁력을 기준으로 기업과 혁신아이디어를 선택하는 압력이 상대적으로 낮으며, 융합형의 새로운 기술이 싹트기 어려운 환경임을 시사하는 것이다.

**| 미국특허로 본 우리나라 혁신시스템의 특성 |**

"미국 내 한국 특허권자별로 살펴보면 삼성전자가 234건을 등록하여 미국 내 한국 전체 특허 중 42.2퍼센트의 점유율을 보였으며 LG전자가 70건, LG필립스 LCD 41건, 하이닉스 반도체 39건 순으로 조사되어 미국에서의 특허 활동은 대기업들이 주도적으로 활동하는 것으로 나타났다(상위 3사 합계 62.2퍼센트. 일본의 경우 상위 3사 합계가 18.1퍼센트에 불과). 특히 분야별로는 반도체 분야에서 가장 많은 특허가 등록된 것으로 조사되었고, 삼성전자의 경우에도 역시 반도체 분야에서 가장 많은 특허를 등록하였으며 그 뒤로 동적정보기억 분야가 차지한 것으로 나타나 전기, 전자, 반도체 분야에 집중하는 것으로 조사되었다."

| 순위 | 미국 특허 등록권자 | 등록 건수 | 점유율 |
|---|---|---|---|
| 1 | 삼성전자 | 234 | 42.2% |
| 2 | LG 전자 | 70 | 12.6% |
| 3 | LG 필립스 LCD | 41 | 7.4% |
| 4 | 하이닉스 반도체 | 39 | 7.0% |
| 5 | 동부 전자 | 17 | 3.1% |
| 6 | 한국전자통신연구원 | 15 | 2.7% |
| 7 | 현대 자동차 | 14 | 2.5% |
| 8 | 삼성 SDI | 13 | 2.3% |
| 9 | SAMSUNG ELECTRO-MECHANICS CO., LTD. | 12 | 2.2% |
| 10 | 현대 모비스 | 8 | 1.4% |

출처: 한국특허정보원(2006)

### 3) 도전과제

우리나라가 가지고 있는 현재의 기술혁신시스템상 특징은 과거 대기업, 전략산업 중심의 발전전략을 채택해온 결과로서 자연스럽게 형성된 것이다. 이러한 전략적 선택의 과정 자체는 경제발전 초기 자본과 자원이 절대 부족한 한국경제의 발전을 뒷받침해온 중요한 성공요인이었다. 그러나 변화된 환경에서 과거의 성공요인은 현재의 실패요인으로 작용할 수도 있다는 점에 우리의 고민이 있다. 특히 외환위기는 우리 경제시스템 및 국가정책 전반의 특성을 비판적으로 재검토하는 중요한 전기를 마련해주었다. 기술정책의 관점에서 고려하여야 할 몇 가지 중요한 환경적 요인들은 다음과 같다.

첫째, 민간의 역량이 성숙했다. 국제무대에서 경쟁하는 기업의 비중이 과거에 비해 한층 높아졌을 뿐만 아니라 국가 총 연구개발투자비에서도 70퍼센트[33]를 넘을 만큼 직접적인 혁신투자에서도 민간의 비중이 높게 나타나고 있다. 이에 따라 과거 정부가 담당할 수밖에 없었던 많은 기술혁신 기능들을 이제는 민간이 감당할 수 있게 되었다. 이는 과거 민간의 역량이 취약했던 때 기술도입 및 개발에서 중요한 기여를 했던 공공연구소를 포함하여 국가의 많은 역할들을 재검토해 볼 필요가 있다는 것을 시사한다.

둘째, 기술발전의 속도가 빨라지고, 융복합화가 보편화된 것 또한 중요한 환경적 변화요인 가운데 하나이다. 과거에 기술이 비교적 단순하던 시기에는 정부가 전략산업이나 핵심기술을 선정하는 것이 어려운 일이 아니었다. 그러나 기술변화가 빠르게 진행될수록 정부의 역량이 한계를 보일 수밖에 없고, 따라서 과거와 같은 선택과 집중 방식은 신중하게 재검토되어야 한다.

---

33 과학기술연구개발활동조사 각년도 보고서 참조

이외에도 글로벌화의 진전으로 산업정책적 자율성이 축소된 점이나 일부 산업들에서 추격이 아닌 탈추격의 필요성과 가능성이 나타나고 있는 점 등도 중요한 변화요인이다. 이들을 모두 고려하면, 미래의 기술정책은 과거와 같은 산업정책에 부속된 형태의 산업기술정책이 아니라 다양한 혁신주체들의 자발적 혁신노력을 지원할 수 있는 환경을 구축하는 방향으로 진전해야 한다는 것을 알 수 있다.

그러나 우리나라의 기술정책은 여전히 좁은 의미의 기술혁신 투입정책에 머물고 있는 경우가 많고, 광범위한 혁신환경 조성이라는 측면에서 한계를 노출하고 있는 것이 사실이다. 2004년 과학기술부총리제가 시행되어 혁신과 관련한 정책의 범위가 미시성장정책으로 확장되고, 혁신에 영향을 미치는 제요소와의 관련성을 포괄적으로 고민하고자 시도했으나 제도적으로 정착하는 데는 실패한 것으로 보인다.

## 토론 주제

1. 미국의 국방기술이 민간으로 스핀오프(spin-off)된 사례를 분야별로 찾아 정리해보자.

2. 영국, 프랑스, 독일 등 유럽 내 주요 국가들의 혁신시스템적 특징을 요약한 자료를 찾아보자. 국가 간 특징의 차이가 발생한 원인과 그 영향에 대해 토론해보자.

3. 잃어버린 10년을 극복하기 위해 일본 정부가 취한 경제개혁조치들을 구체적으로 나열하고, 이것들이 기술혁신관점에서 어떤 영향을 미치는지를 생각 해보자.

4. 한국 정부가 집중육성의 대상으로 선정하여 지원하였고, 세계적인 경쟁력을 갖추게 된 산업의 사례를 찾아보자. 어떤 정책들이 있었는지 배경과 결과를 조사해보자. 각 정책의 효과를 기술정책의 관점에서 다시 살펴보고, 토론해보자. 반대로 집중육성의 대상이었지만 육성에 실패한 사례도 찾아보고, 그 원인에 대해 토론해보자.

5. 동일한 산업분야에 속한 기업이라 하더라도 미국, 유럽, 일본, 한국 등 각 국가별로 혁신전략이 차이가 날 수 있다. 본인이 잘 알고 있는 산업분야를 선택하여 국가별 혁신전략의 차이를 조사해보자. 차이의 원인과 결과에 대해 토론해보자.

# 8 기술정책의 종류

현실의 구체적인 기술정책들은 나름의 목적과 수단을 가지고 다양하게 형성된다. 신태영 외(2006)에 따르면 현재 한국에서 가장 좁은 의미로 파악된 기술정책만 하더라도 259가지에 이른다. 본장에서는 각 기술정책을 구체적으로 나열하기보다 먼저 여러 가지 기술정책들이 어떻게 분류될 수 있는지 간단히 살펴보고자 한다. 참고로 본장에서 논의하는 기술정책은 Mowery(1995)의 논리에 따라 기술혁신에 영향을 미칠 '의도'를 가지고 있는 정책으로 한정하여 생각한다. 기술정책의 사례로서 상위단계의 기초과학지원과 산업기술개발지원에 관한 것을 대표적 예로 들고, 각각 현황과 과제에 대해 간략히 살펴보고자 한다.

## 8-1 기술정책 분류의 기존 사례

모든 학문분야는 나름의 분류체계(taxonomy)를 가지고 있다. 분류체계가 있을 때 현황이 파악될 수 있고, 새로운 제안을 할 때 빠진 부분이 있는지 점검도 할 수 있기 때문이다. 기술정책도 그 학문적 관심이 시작된 이래 분류에 대한 많은 제안이 있었다.

대표적으로 Ergas(1987)은 국가의 개입방식과 관련하여 목적지향적 정책(mission oriented policy)과 확산지향적 정책(diffusion oriented policy)을 구분한 바 있다. 목적지향적 개입은 국가의 경쟁력을 높이는 데 긴요할 것으로 판단되는 특정한 목적을 달성하기 위해 분명한 목표 사양과 기술범위에서 제한된 기업에게 지원하는 개입을 의미한다. 예로서 특정 기술수준을 가진 무기체계를 개발하는 국방연구개발사업을 생각해볼 수 있다. 반면 확산지향적 정책은 가능한 넓은 범위의 주체들에게 새로운 지식을 전파, 확산시키는 데 목적을 두는 정책으로서 달성목표가 분명하지 않으며, 특정한 분야에 한정되지 않는 특징이 있다. 가령 지역별 기술 및 시장정보센터를 건립하여 관계 기업들에게 새로운 기술이나 시장 관련 동향을 가공해서 공급하는 지원사업 등을 대표적인 예로서 생각해 볼 수 있다. Ergas(1987)의 이 접근법에 따르면, 국방연구개발의 비중이 높고 연구개발집중적인 산업에 연구지원을 집중하는 미국, 프랑스 등이 대표적인 목적지향적 기술정책을 펼치는 국가로 분류된다. 반대로 교육에 대한 투자비중이 높고, 국방관련 연구개발지원비중이 상대적으로 낮은 독일, 스웨덴 등이 대표적인 확산지향적 기술정책을 펼치는 국가로 언급된다.

한편, Mowery(1995)는 기술정책을 기술공급정책과 기술수요정책으로 구분하고, 별도로 경쟁정책을 추가한 바 있다. 공급정책은 인력, 자본, 장비 등 혁신에 필요한 투입요소를 공급하고, 공공연구소와 같은 혁신관련 기관을 지원하는 등 기술이 만들어지거나 도입되는 것과 관련된 정책을 일컫는다. 반면, 수요정책은 공공조달시장을 활용하거나, 기술표준을 정비하고, 시장관련 정보를 제공하며, 기술이전을 활성화하는 등 주로 기술이 활용되고, 확산되는 과정에 영향을 미치는 정책을 의미한다. 공급정책과 수요정책은 보통 동시에 활용되는데, 거시적으로 보면 기술역량이 미약할 때 수요정책에 중점을 두어 기술역량이 축적될 시간을 확보하고, 역량이 증가함에 따라 공급정책으로 중점을 옮기는 형식이 된다.

목적지향/확산지향 혹은 공급지향/수요지향의 정책구분은 직관적인 판단기준으로 국가의 기술정책 특성을 파악할 수 있도록 해주는 장점이 있다. 그러나 구체적으로 어떤 목표를 가지고 어떤 수단을 활용하는지에 대한 정보가 없어 정책의 특성을 밝히기에 어려움이 있다. 뿐만 아니라 현실의 정책은 이들 다른 지향을 혼합해서 갖는 경우가 많다.

## 8-2 분류기준

현실에서 시행되고 있는 기술정책을 살펴보면, 여러 가지 속성을 동시에 가지고 있음을 알 수 있다. 기술정책의 속성을 파악하기 위하여 아래에서는 혁신의 과정, 혁신시스템의 구성요소, 혁신시스템의 범위, 정책조절변수의 측면에 초점을 맞추어 살펴보고자 한다.

### 1) 혁신의 과정 및 단계: 혁신투입, 혁신창출, 혁신활용, 혁신확산

혁신은 인력, 자금, 시설 등을 투입하여 아이디어를 만들어내고, 이를 개발 응용하여 상품으로 만들어내며, 나아가 관련 노하우들이 퍼져나가는 여러 단계를 거치게 된다. 이 단계를 정형화하면 혁신투입, 혁신창출, 혁신활용, 혁신확산의 4단계로 볼 수 있다.[34] 각 단계별로 고유한 시장실패와 시스템적 실패요인들이 존재하게 되고, 따라서 기술정책이 개입할 필요성이 있을 수 있다. 예를 들어 여러 가지 시장 및 시스템 실패요인으로 말미암아 기업 간 혹은 공공연구부문과 기업 간 기술이전이 활성화되지 않은 문제를 안고 있다면, 전형적인 확산단계의 기술정책으로서 기술이전정책이 필요하게 될 것이다.

### 2) 혁신시스템의 구성요소: 혁신주체, 연계, 인프라, 제도환경

혁신시스템은 기업, 대학, 연구소 등 혁신의 주체와 이들 간의 연계, 이를 뒷받침하는 인프라와 제도적 환경으로 구성된다.[35] 각 구성

---

34 전통적인 과학기술정책 분류기준인 기초/응용 혹은 기초/응용/개발의 구분도 이 분류에서 언급하는 단계들에 포함된다. 기초원천분야를 지원하기 위한 정책들은 혁신의 창출과 관련된 것으로 볼 수 있고, 응용 혹은 개발은 혁신활용이나 혁신확산과 관련된 것으로 볼 수 있다.

35 본장의 시작에서 전제한 것과 같이 여기서는 편의상 기술정책을 협소하게 해석하여 기술혁신에 영향을 미칠 명시적 의도를 가진 것으로 한하여 논의한다. 그러나 특히 제도 환경의 문제는 혁신에 간접적으로 영향을 미칠 것으로 생각되는 것까지 포괄하는 넓은 관점이 필요하다. 예를 들어 공정거래법상 독과점규제에 관한 법제도는 그 자체로서 경쟁적 시장 환경을 조성하기 위한 목적을 가

요소별로 시스템실패요인이 존재할 경우 역시 정책적 개입의 필요성이 있게 된다. 예를 들어 특정 공단에 입주해 있는 기업들의 규모가 너무 작아 기술개발 노력으로 시제품을 만들었더라도 이를 시험해볼 고가의 장비를 구입할 수 없는 경우 공동 시험소를 건설하여 이용할 수 있도록 개방하는 정책을 실시할 수 있다. 이러한 정책의 예는 인프라가 미비하여 발생할 수 있는 혁신지연의 문제를 해소하는 데 도움이 될 수 있다.

### 3) 혁신시스템의 범위: 기술, 산업, 지역, 국가

정책이 영향을 미치고자 의도하는 범위에 따라 혁신시스템의 범위는 기술시스템, 산업 및 지역 혁신시스템, 그리고 국가혁신시스템 등과 같이 다양한 종류가 있을 수 있다.[36] 예를 들어 나노 혹은 바이오 등 특정 기술분야를 지원하면 여러 지역의 여러 산업에서 그 혜택을 볼 수 있다. 이와 같은 특정 과학기술 분야 대상의 정책이 기술시스템을 염두에 둔 정책이라 할 수 있다.

---

지고 있지만, 기술혁신에 큰 영향을 미칠 수 있다. 따라서 혁신시스템이 올바로 동작하고 있는지를 살펴볼 때 제도환경 측면에서의 문제를 파악하고자 한다면 넓은 의미의 제도를 살펴보는 시야가 보다 바람직하다고 할 수 있다.

36 최근 글로벌 생산체제의 분화현상이 심화되고, TRIPs 등 국제적 규약이 많아지면서 글로벌 혁신시스템(GIS: Global Innovation System)에 대한 논의도 활발해지고 있는 중이다. 본장에서는 국내에서 형성될 수 있는 정책으로 관심을 한정한다.

### 4) 정책조절변수: 금융, 인력, 기술, 정보, 제도

정책의 형성과 집행은 금융, 인력, 기술, 정보와 제도 등 구체적인 정책수단, 즉 정책으로 조절될 수 있는 변수를 전제로 한다. 예를 들어 자금이 충분하지 않은 벤처기업이 기술개발자금을 대출받을 수 있도록 보증이나 기타의 방법으로 지원하는 경우, 이는 벤처기업이라는 혁신주체의 혁신역량을 보충하기 위하여 '금융'이라는 수단으로 개입하는 경우라 할 수 있다. 위의 정책조절변수에서 기술이라 함은 지식을 형성하는 것으로 목적으로 하는 것으로서 대학, 기업, 연구소 등에서 기술을 만들어낼 수 있도록 지원하는 것을 의미한다.

### 5) 종합

이상의 기준들을 종합하면 다음의 표와 같이 정리된다. 현실의 기술정책은 이들 네 가지 분류기준의 각 속성을 조합하여 가지고 있다. 따라서 혁신의 확산을 꾀하면서(혁신의 단계), 인프라를 조성하는 차원에서(혁신시스템 구성요소), 특정지역 혁신을 촉진할 목적으로(혁신시스템 범위), 고도의 정보제공공유(조절변수) 틀을 제공하는 정책을 예로

[표 8-1] 기술정책 분류기준의 종합

| 분류 기준 | 혁신의 과정/단계 | 혁신시스템의 구성요소 | 혁신시스템의 범위 | 조절변수 |
|---|---|---|---|---|
| 속성 | 투입 | 주체 | 기술 | 인력 |
| | 창출 | 연계 | 산업 | 금융 |
| | 활용 | 인프라 | 지역 | 기술 |
| | 확산 | 제도환경 | 국가 | 정보 |
| | | | | 제도 |

생각해볼 수 있다.

정책은 적용되거나 포괄하는 대상의 수준에 따라 정책, 세부정책, 세세부정책 등으로 구분될 수 있다. 가령 부품소재산업의 기술경쟁력을 높이는 것이 중요하고, 이를 위해 정책적 개입이 필요하다고 판단하면, 부품소재산업기술력 향상을 위한 기술정책이 성립할 수 있다. 이러한 상위정책을 구현하기 위해, 부품소재 기술개발 지원정책, 부품소재 핵심인력 양성정책, 부품소재 기업의 기술금융 활성화 정책 등의 하위 정책이 있을 수 있고, 각 하위정책 아래에는 보다 구체적으로 실제 적용될 수 있는 세부정책들이 놓이게 된다. 이러한 구분을 염두에 둘 때 일반적으로 상위단계의 기술정책일수록 여러 속성을 동시에 갖는 경우가 많고 하위단계일수록 단일한 속성으로 정의되는 경우가 많다. 앞서의 예를 들면 부품소재산업기술력 향상을 위한 정책에는 위의 표에서 언급한 거의 모든 정책들이 패키지로 포함된다. 역으로 위의 표를 기준으로 할 때 만약 다루어지지 않은 속성이 있다면 그것을 고려하기 위한 세부정책방안이 추가적으로 마련되어야 한다.

## 8-3 사례

위의 각 분류기준별 세부 속성을 조합하면 300가지 이상 속성조합 세부기술정책들을 생각할 수 있다. 현재 우리나라에서 시행하고 있는 기술정책을 분석해보면 거의 모든 조합에 대해 사례를 찾아볼 수 있다. 이하에서는 세부적인 각 조합을 종합하여 시행되고 있는 대표적인 상위정책으로서 기초연구 지원정책과 산업기술개발 지원정책에 대해 간단히 특성과 현황, 과제를 살펴보고자 한다.

### 1) 기초연구 지원정책

OECD를 비롯하여 과학기술통계를 다루는 여러 기관들에서 제시된 기초연구에 대한 정의를 대체로 종합하면, 특정한 응용과 활용분야를 염두에 두지 않고, 과학적 호기심에 근거하여 자연의 원리를 탐색하고자 하는 작업을 기초연구로 본다. 그러나 이는 정도의 문제로서 대체로 응용연구에 대한 상대적 개념으로 보는 것이 보다 명확하며, 따라서 기초와 응용의 경계는 시대와 상황에 따라 달라질 수 있다. 그러므로 특정시기 특정국가에서 기초로 분류되는 연구도 다른 상황에서는 응용연구로 분류될 수도 있다. 분류의 어려움에도 불구하고, 모든 국가에서 절대적 혹은 상대적 기준에 따라 기초연구를 나름대로 정의하고, 이를 지원하기 위한 정책들을 펴고 있다. 앞서의 분류 논의에 따르면 이는 혁신단계에 따라 주로 분류된 것으로 볼 수 있다.

다른 기술정책 분야에 비하여 기초연구에 대한 정부의 지원정책은 가장 명확한 개념적 근거를 가지고 있다. 앞서 2장과 4장에서 논의한 바 기술 혹은 기술개발활동에 내재된 외부 파급효과, 고도의 기술적, 시장적 불확실성 및 대규모, 장기투자 요구 등의 특성들 때문에 기초기술이 민간에만 맡겨질 경우 사회적으로 바람직한 수준에 미치지 못할 것이라 예상된다. 이는 공공재의 전형적인 특성으로서 여타의 공공재 생산에 국가가 개입하는 이유와 같다. 이러한 기초연구의 특성으로 인해 기초연구에 대한 지원정책은 모든 국가가 공통적으로 시행하고 있다.

기초연구지원을 위한 주요 정책들은 혁신시스템의 구성요소로서 혁신주체, 연계, 인프라, 제도를 모두 포괄하고 있다. 혁신시스템의 범위로는 대체로 기술시스템과 국가혁신시스템에 해당하는 경우가 많고, 정책수단으로는 인력, 기술, 정보, 제도 모두를 포괄한다.[37]

미국, 유럽, 일본 등 선진국들은 정도의 차이는 있으나 기초과학에 대한 투자를 강조하고 있다. 이는 선진국들이 기술적으로 선두에 서 있기 때문에 새로운 기초과학적 발전만이 현재의 위치를 유지할 수 있도록 해줄 것이라는 인식이 있기 때문이다. 이들 선진국의 기초과학 지원에서의 몇 가지 공통점은 다음과 같다(민철구, 2000).

첫째, 기초과학에 대한 지원임에도 불구하고 그 목표는 막연한 호기심의 충족에서 벗어나 국가적 전략성을 강조하고 있다. 둘째, 연구와 교육의 연계를 강조하고 있다. 즉, 기초연구의 결과물로서 지식창출 못지않게, 수행과정에서 형성되는 고급 인력의 풀을 중시하고 있다. 셋째, 아시아를 포함한 많은 추격국에서 새로운 선도적 연구의 잠재력이 나타나고 있기 때문에 글로벌 네트워크를 많이 강조하고 있다. 넷째, 기초과학 투입에 따른 재원활용의 효율성에 대해 많은 관심을 가지고 있다. 이는 과거에는 기초과학을 지원하면 어떤 식으로든 국가발전에 기여할 것이라는 선험적인 믿음이 있었던 반면, 예산에 대한 국민과 의회의 관심, 감독이 강화되면서 기초과학투자도 국가적

37 정책수단의 경우를 예로 들면 대학기초연구에 대한 지원은 주로 인력양성을 목적으로 하는 것(인력지원)으로 볼 수 있고, 특정한 기초기술분야를 지원하는 경우(기술지원)도 있다. 또한 DB를 구축하는 사업을 지원하는 경우(정보지원)가 있고, 중고교기초과학 관련 커리큘럼을 개편하는 것과 같이 제도를 지원하는 경우(제도정비)가 있을 수 있다.

인 기여를 명시적으로 보여야 한다는 압력이 증가하고 있음을 의미한다. 이러한 정책적 기조는 대표적으로 미국의 GPRA(Government Performance Report Act)로 제도화된 바 있다.

우리나라도 추격국가에서 탈추격국가로의 전환이 이루어지고 있는 상황에서 기초기술에 대한 지원을 점차 늘려가고 있는 중이다. 구체적으로 정부연구개발예산 중 기초연구투자의 비중은 2001년 10.4퍼센트, 2005년 21.5퍼센트에서 2007년 25퍼센트 수준으로 지속적으로 확대되고 있는 중이다.[38]

연구개발 주체별로 보면 2005년 기준 우리나라 전체 연구개발투자비 24조 원 중 15.3퍼센트인 3조 7천억 원 가량이 기초연구비로 투자되었으며,[39] 이 중 약 18.5퍼센트인 6천8백억 원가량을 공공연구기관이, 22.5퍼센트인 8천3백억 원 가량을 대학이 활용하였다. 나머지는 대기업, 중소기업, 벤처기업 등 기업부문에서 기초연구로 투자하고 있는 것들이다.

기초과학에 대하여 많은 관심을 쏟고, 실제 국가적으로 많은 투자를 하고 있지만, 그 비중으로 보면 아직 프랑스(23.7퍼센트, 2005년 기준)나 미국(18.5퍼센트, 2006년 기준) 등 선진국에 미치지 못하고 있는 실정이다.

국가 연구개발투자비 전체가 선진국에 비하여 크게 떨어지는 수준[40]이기 때문에 기초연구에 유사한 비율로 투자한다고 해도 기초연

---

[38] 교육과학기술부, 과학기술연구개발활동조사 보고서 각년도 참조

[39] 2007년 기준으로는 국가총연구개발비 31조 3천억 원의 15.7퍼센트인 4조 9천억 원이 기초연구비로 투자되었다(한국과학기술기획평가원, 2008).

구의 절대투자금액 자체는 상당히 작을 수밖에 없다. 따라서 기초연구정책에 있어서 최대의 당면과제는 기초연구투자규모 자체를 어떻게 늘려갈 것인가에 있다. 특히 많은 기초 연구들이 상당한 규모의 투자가 있어야 성과를 얻을 수 있는 규모의 경제를 가지고 있기 때문에 전체 규모나 단위과제당 투자규모를 늘리는 것이 시급한 과제라 할 수 있다.

한편, 기초연구에 대한 투자에 비록 시장실패 등 자명한 이유로 정부개입이 요구된다고 하더라도, 기초연구에 투자되는 자금 역시 국민의 세금으로 이루어지는 것이기 때문에 국가경제적 기여도를 증명할 필요성이 있다. 이를 재정적 책무성이라고 하기도 한다. 이와 관련해서는 기초연구의 성과를 상업적 성과로 전환하기 위한 상업화 정책이 잘 구비되어야 하고, 기초연구와 환경문제, 인구문제 등 국가적 과제와의 연관성을 보다 높여나가는 전략적 접근이 필요하다.

기초연구의 집행상 효과성을 제고하는 문제는 또 다른 문제이다. 기초연구에 대한 성과가 불확실하고, 증명이 어렵기 때문에 기초연구비의 활용목적, 분야, 세부과제 설정 등은 대체로 전문가평가(peer review)에 의존하는 경우가 많다. 따라서 검증된 전문가의 풀이 충분하지 않거나, 전문가 집단 내에서 신뢰가 부족할 경우 왜곡된 집행이 일어나기가 쉽다. 그러므로 기초연구에서 국가적으로 중요한 분야가 잘 지원되기 위해서는 사회적, 제도적 매커니즘과 문화를 혁신 친화적으로 바로잡는 것이 무엇보다 중요하다.

---

40 국가 총연구개발비 규모는 2006년 기준 미국의 8퍼센트, 일본의 19퍼센트 수준에 불과한 실정이다(한국과학기술기획평가원, 2008).

### 2) 산업기술개발 지원정책

산업이 경쟁력을 갖기 위해서는 여러 가지 투입요소와 전략이 잘 구비되어야 하지만 그 중에서도 다른 기업이 쉽게 흉내 낼 수 없는 중요한 요소로서 기술적 경쟁우위를 갖는 것이 중요하다. 따라서 경제발전을 위해서는 산업의 경쟁력이 높아져야 하고, 이를 위해서 기술적 수준을 높여나가야 하는데, 기업 스스로가 필요로 하는 모든 기술을 개발하는 것이 어렵기 때문에 정부가 정책적으로 지원해야 한다는 논리가 나온다.

산업기술개발 지원정책을 좁게 보면 산업계가 필요로 하는 기술을 개발하는 데 정부가 정책적으로 지원하는 행위를 말한다. 정부가 국민들이 낸 세금으로 기업이 필요로 하는 기술의 개발을 지원하는 것은 앞서 논의된 바와 같이 기술개발활동과 관련된 시장이 실패하거나 기업을 둘러싼 혁신시스템이 원활하게 작동하지 않기 때문이다. 예컨대 기업이 대학이나 공공연구소 등과 활발하게 지식을 공유하지 못하는 환경이라면, 새로운 혁신적 돌파구를 기대하기 어렵고, 이에 정부가 의도적으로 연계를 촉진하는 정책을 펴나갈 수 있다.

산업기술개발 지원은 앞서의 분류기준 논의에 따르면 혁신단계 중 활용과 확산을 주된 기준으로 생각하는 것이다. 그러나 구체적인 정책을 살펴보면 혁신시스템의 구성요소로서 주체, 연계, 인프라, 제도에 해당하는 모든 정책요소를 발견할 수 있고, 대상 혁신시스템의 범위도 기술, 산업, 지역, 국가 혁신시스템 각각에 해당하는 세부정책이 있다. 정책수단 역시 금융, 인력, 기술, 정보, 제도 각각의 수단을 동원하고 있다. 따라서 산업기술개발 지원에 속하는 세부기술정책들은 기술정책의 모든 분류를 망라하고 있다고 할 수 있다. 본 소절에서는 보다 효과적인 소개를 위해 산업계에서 필요로 하는 기술개발을 지원하기 위해 정부가 개발에 소요되는 '자금' 지원의 형식으로 개입하는 경우로 한정하여 살펴보고자 한다.

선진국들도 산업계가 필요로 하는 기술을 개발하는 일을 오랫동안 전략적으로 지원해왔다. 미국의 첨단기술프로그램(ATP), 일본의 기업 간 콘소시움에 대한 지원프로그램, 유럽의 정보통신전략연구개발(ESPRIT: European Strategic Programme for Research and Development of Information Technology) 프로그램 등은 대표적인 사례이다.

**미국의 ATP(첨단기술프로그램)**

미국은 전통적으로 민간의 영역에 정부가 개입하는 것을 금기시해왔다. 민간의 기술개발 활동에 대해서도 마찬가지이다. 이러한 전통에 비추어 볼 때 ATP(Advanced Technology Program: 첨단기술프로그램)는 기업을 대상으로 기술개발에 필요한 자금을 직접 지원했다는 측면에서 독특하다고 할 수 있다. ATP는 민간 기업의 창의를 활용하여 국가적 편익을 높일 수 있는 혁신적 기술을 개발할 목적으로 1990년에 시작되었다. 이 사업의 장기적 기대성과는 생산성 향상, 무역성과 개선, 삶의 질 개선 등이다. 지원대상이 되는 기술은 실패의 가능성이 크고, 도약적 진보가 기대되며, 다양한 분야에 응용 가능하거나, 국가경쟁력을 높일 수 있을 것으로 기대되는 것들이다. 그간 생명, 화학, 정보통신 등의 분야에 집중 지원하였고, 2007년까지 7,530건의 응모를 받아 824건을 선정하였다. 연도별로 차이가 있으나 평균 100대 1의 경쟁률에 육박하였고, 170개 이상의 대학 및 30개 이상의 국가연구소를 포함하여 1,500개 이상의 기관이 참여하였다. 1990년부터 2007년까지 24억 달러의 공적자금을 투입하였고, 각 프로젝트별로는 43만 달러에서 3천1백만 달러까지 지원했다. ATP의 성과를 경제적으로 분석한 결과 다양한 국가적 편익이 발생한 것으로 평가되었다. 그러나 프로그램의 탄생 초기부터 민간 기업에 직접적으로 지원하는 것이 타당한가의 문제를 놓고 의회의 회의적 시각에 끊임없이 부딪혀야 했다. 이에 따라 예산이 줄어들기도 하는 등 부침을 겪었다. 마침내 2007년 8월9일 미국경쟁력강화법안(America COMPETES Act; The American Creating Opportunities to Meaningfully Promote Excellence in Technology, Education, and Science ACT)이 시행되면서 ATP의 폐지가 결정되었다. 대신 2008년부터 TIP (Technology Innovation Program; 기술혁신프로그램)로 성격과 명칭을 바꾼 새로운 대체 프로그램이 시행되고 있다. TIP는 기업을 직접적으로 지원하기보다 대학 및 공공연구소 중심의 협동연구를 장려하는 프로그램으로 볼 수 있다.

출처: ATP관련 통계는 ATP 홈페이지(http://www.atp.nist.gov/)를 참조

**| 일본의 고집적반도체(VLSI) 협력연구개발 지원프로그램 |**

일본은 정부의 강력한 기술개발 지원으로 산업경쟁력을 확보해간 성공적인 국가로 종종 언급된다. 대표적인 사례 중의 하나가 고집적반도체(VLSI: Very Large Scale Integrated circuit) 프로젝트이다. 1960년대부터 반도체 산업을 시작한 일본이 1970년대 들어 기술적으로 세계를 앞서나가야겠다는 목표를 세우고, 집중하기 시작한 분야가 당시 새롭게 등장한 VLSI였다. 1975년부터 1985년까지 일본의 통산성(MITI)을 중심으로 일본 내 모든 반도체 업체들이 참여하여 함께 기술을 개발하고, 성과물을 공유하는 프로젝트가 진행되었고, 그 결과는 무척 성공적이었다(Sakakibara, 1997). VLSI 프로젝트의 결과 일본이 반도체 분야 세계시장에서 본격적인 리더십을 발휘하게 되었다. 정부는 총 개발자금의 22%만을 분담하였지만, 기업들의 참여를 독려하고, 역할을 조율하는 핵심적인 역할을 수행하였다. 일본의 VLSI 프로젝트는 정부가 나서서 민간과 함께 공동으로 기술개발노력을 해나간 대표적인 성공사례로서 알려졌고, 이에 자극받은 미국과 유럽이 유사한 노력을 하였다. 미국은 1984년 협동연구법(National Co-operative Reearch Act)를 제정하여 기술개발 목적의 조인트 벤처가 쉽게 형성될 수 있는 기반을 조성하였다. 나아가 1987년 일본과 유사한 형태로 주요 반도체 업체들이

참여하는 SEMATECH 프로그램을 시작하였다. 1996년 당시 기준으로 SEMATECH에 17억 달러의 예산이 투입되었고, 이 중 절반가량을 정부가 부담하였다.

우리나라는 전세계적으로 볼 때 산업기술개발지원 정책이 가장 왕성하게 수행되고 있는 국가 중 하나이다. 역사적으로도 산업발전 초기부터 산업계의 기술능력 향상을 위해 다양한 정책적 지원을 수행해 왔다. 그러나 오늘날 좁은 의미로 산업계 기술개발활동에 대한 자금지원의 형식으로서 체계화된 것은 1986년 당시 상공부의 산업정책 전환과 밀접한 관련이 있다. 당시 우리 경제가 일정 정도의 규모에 이르렀으나 선진국의 무역장벽과 후진국의 추격에 대응하기 위해서는 기술집약적 구조로 전환해야 한다는 시대적 인식이 팽배했다. 아울러 민간 부문이 어느 정도 성숙하여 당시 주요 업종별로 감시, 감독, 지원하는 개별산업육성 정책이 바뀔 필요가 있다는 인식도 함께 있었다. 이에 따라 특정산업을 선별 지원하는 형식에서 '공업발전법(1986)'이라는 법률을 통해 기술, 인력, 제도적 환경 등 산업발전을 위해 필요한 각 '기능'을 지원하는 체제로 전환하였다. 기술개발에 대한 공적지원은 이 기능별 지원에서 가장 중요한 요소의 하나였다.

현재는 지식경제부에서 운용하고 있는 산업기술개발사업이 대표적인 사례이다. 그 규모를 보면 2006년 기준 산업기술혁신관련 총 예산 1조 5천7백억 중 약 60퍼센트인 9천4백억 원 정도가 기술개발을 위해 투자되고 있는 것으로 판단된다. 그러나 이것은 비교적 좁은 의미에서의 파악한 규모이고, 넓은 의미에서는 각 부처마다 관련 분야 기업들의 기술개발활동을 지원하기 위한 프로그램들을 운용하고 있기 때문에 이보다 훨씬 큰 것으로 볼 수 있다. 예를 들어 환경부, 보건복지부, 건설교통부 등에서도 다양한 산업기술개발 지원 프로그램을 보유하고 있다.

우리나라는 기초과학기술이 부족한 상태에서 경제개발을 시작했기 때문에 기초과학에 대한 지원부터가 아니라 응용적 성격이 강한 산업기술개발 지원정책을 초기부터 시행했고, 상당한 성공을 거둔 것으로 평가된다. 대표적으로 현재 포스코가 실용화해서 성과를 거두고 있는 파이넥스공법이나 우리나라가 휴대폰 강국이 될 수 있었던 CDMA기술 등이 대표적인 성공사례로 손꼽힌다.

**| 포항제철의 파이넥스 공법 성공사례 |**

"포스코가 세계적으로 풍부하고 저렴한 가루형태의 철광석을 대량 사용하여 쇳물을 생산하는 파이넥스 상용설비를 성공적으로 준공함으로써 세계 철강업계의 숙원 과제를 해결했다. 근대 제철기술의 발전은 14세기경 용광로가 발명되면서부터라고 할 수 있다. 그 후 100여 년 동안 현재의 용광로-전로로 대별되는 용광로 공법은 대형화와 에너지 최적화를 통한 효율, 고생산성, 장(長)수명 등의 장점으로 현재 세계 철강생산량의 60퍼센트 이상을 차지하고 있다. 용광로는 유연탄을 연소시키고 철광석을 환원시키기 위해 하단부에 강한 열풍을 불어넣는데 가루형태의 원료를 사용하게 되면 열풍에 의해 날아가버리거나, 통풍이 되지 않아 연소율이 떨어지기 때문에 사전에 일정한 덩어리 형태로 구운 소결광과 코크스를 사용해야 한다. 그러나 덩어리형태의 괴철광석과 덩어리 형태로 잘 뭉쳐지는 성질을 지닌 고점결성 유연탄(Cocking Coal)은 전체 매장량의 15~20퍼센트에 불과해 가격이 비쌀 뿐 아니라, 이제까지 100여 년간 용광로 공법에 의해 집중 사용돼왔기 때문에 점차 고갈 위기에 직면해 있다. 이에 따라 철광석 매장량의 80퍼센트 이상을 차지하고 있는 지름 8밀리미터 이하인 가루 형태 철광석을 활용하는 공법 개발이 각국의 선진 철강사들 간에 숙원사업이 돼왔다. 가루 형태의 철광석은 괴광에 비해 전 세계적으로 골고루 산재해 있는 데다 가격이 20퍼센트나 저렴해 제조 원가를 낮출 수 있기 때문이다. 또한 세계적으로 환경규제가 강화되면서, 경제적이면서도 환경오염물질 배출량을 획기적으로 감소시킬 수 있는 친환경적인 새로운 공법을 개발하기 위한 연구가 1970년대 이후 전 세계의 제철관련 엔지니어들에 의해 지속적으로 이루어져왔다. 지금까지 세계적으로 일본의 'DIOS법', 호주의 'HISMELT법', 유럽의 'CCF법', 브라질의 'TECNORED법' 등이 거의 동시에 개발을 추진해왔으나, 아직 상용화하여 양산에 성공한 데는 없다. 1992년 이후 포스코에 의해 개발되어온 새로운 공법은 가루 형태의 철광석과 일반 유연탄을 가공 없이 바로 사용함으로써 경제적이고, 환경오염물질 발생을 획기적으로 줄일 수 있는 혁신적 철강제조공법으로, 세계 최초로 150만 톤급의 상용화 설비 준공에 성공함으로써 세계 철강 제조기술 수준을 한 단계 끌어 올렸다는 평가다. (중략) 포스코는 파이넥스를 개발하는 과정에서 국내 224건, 해외 20여개 국에서 58건의 특허를 출원했으며, 기술 유출 방지를 위해 외부인의 견학 통제, 출입문 검색 등 보안유지에 각별한 관심을 쏟고 있다. (중략) 파이넥스 공법의 성공은 정부와 기업, 연구소와 현장의 유기적인 협조와 신뢰가 일궈낸 성과다. 기존 용광로공법에 비해 환경친화적이고 경제적인 새로운 공법 개발에 대한 요구가 높아지고 있던 1990년대 초반 정부가 용융환원제철법의 연구를 국책과제로 선정하면서 222억 원을 연구개발비로 지원함에 따라 본격화됐다. (이하 생략)"

출처: 포스코 보도자료(2007.5.30)

이들 기술개발 성공사례들이 가진 공통점은 공공부문과 민간이 함께 노력했다는 점이다. 즉, 정부는 관련제도를 정비하는 한편 초기개발 자금을 공급하고, 공공연구소는 초기 위험부담이 큰 영역에 대한 기초연구를 수행하며, 민간은 개발 및 상용화투자를 책임지는 최적구도를 이루고 있었다. 따라서 이들 사례는 정책개입의 범위가 분명하고 시스템실패의 원인을 잘 식별할 경우, 국가적으로 큰 편익이 발생할 수 있음을 잘 보여주고 있다.

그러나 혁신과정에서는 과거의 성공이 미래의 성공을 보장하지 않는다. 특히 혁신의 성과가 클수록 그 경험을 답습하려는 습관(루틴)이 생기고, 상황이 다를 수밖에 없는 다른 문제에 대해서도 동일한 처방을 구사하고자 하는 경향이 생긴다. 최근 우리 산업계가 당면한 환경이 과거 10년 전과 비교할 때도 크게 달라지고 있다. 국제분업시스템(Global Production Network : GPN)을 포함하여 국제무역환경이 급변하고 있고, 특히 우리 산업계가 필요로 하는 기술이 더욱 고도화, 융합화되면서 불확실성이 커지고 있는 실정이다. 따라서 과거 상대적으로 안정적인 환경에서는 용이했던 선택과 집중의 노력이 더 이상 유효하지 않거나, 고도의 불확실성으로 인해 더욱 어려워지고 있는 것이 사실이다.

또한 이론적으로도 첫째, 정부의 산업기술개발 지원이 민간기업의 기술개발 노력을 단순히 대체하고 있는 것은 아닌지,[41] 둘째, 성공사례가 있으나 기술개발 지원 전반에 걸쳐 평균적으로 효과가 있는지, 셋째, 현재의 지원 매커니즘이 부작용을 낳고 있지 않은지에 대해 끊임없이 의문이 제기되고 있다.

---

[41] 이를 정부연구개발투자의 구축효과(crowding out effect)라 한다. 예를 들어 민간기업이 스스로 투자하고자 이미 계획하고 있던 과제에 대해 정부지원을 신청하여 자금지원을 받게 되는 경우 정부의 기술개발지원은 민간의 투자를 대신하는 역할만을 하게 된다.

이를 감안할 때 첫째, 정부의 산업기술개발 지원이 직접적인 개발자금지원보다 기업을 둘러싼 혁신시스템에 속한 각 혁신주체 간 연계를 강화하는 방식으로 진전해야 할 필요가 있다. 둘째, 실패 가능성을 보다 포괄적으로 인정하기 위해 단계형 지원 매커니즘을 강화할 필요가 있다. 셋째, 산업기술이 기초연구와 달리 응용단계에 가까운 기술이기 때문에 민간 투자자금이 유입될 여지가 많이 있다는 점을 감안한다면, 정부자금 지원시 민간투자를 유인하도록 하는 매커니즘을 내생화시킬 필요가 있다.

## 토론 주제

1. 기술정책의 사례를 하나 들고, 앞의 분류체계에 비추어 어떤 속성을 가지고 있는지 토론해보자.

2. 본인이 잘 아는 산업분야와 관련하여 어떤 기술정책이 시행되고 있는지 찾아보고, 나름의 분류체계로 분류해보자.

3. 기술정책에 명시적으로 할당된 정부예산의 총 규모를 찾아보자. 이 예산이 어떻게 구성되어 있는지 찾아보자. 연도별로 그 구성이 어떻게 변화하고 있는지 살펴보자.

4. 기술정책의 성공사례를 찾아보고, 그 성공요인을 조사해보자. 동료들의 조사결과를 모두 모아 공통적인 성공요인이 무엇인지 토론해보자.

# 9 기술정책의 최신 이슈

## 9-1 글로벌화의 진전과 기술정책

오늘날 우리가 글로벌화된 세계를 살고 있고, 글로벌화의 속도가 날로 빨라지고 있다는 점은 누구도 부정하기 어려울 것이다. 기술혁신의 관점에서는 글로벌화가 가져오는 다음과 같은 네 가지 측면의 변화가 큰 시사점을 가지고 있다. 첫째, 상품시장의 글로벌화가 진전되면서 전 세계가 동일 시장화되고 있고, 이에 따라 경쟁이 더욱 치열해지고 있다. 이러한 무차별적인 경쟁이 진행될수록 개별 기업의 입장에서는 기술혁신을 통한 경쟁력 확보가 더욱 중요한 문제가 되고 있다. 또한 과거 국내 상품시장을 대상으로 하던 공정거래규정 등 여러 가지 경제적 규제의 형식과 내용이 달라질 수밖에 없게 되었다.

둘째, 기술전파, 확산의 속도가 급속도로 빨라지고 있다. 이는 정보통신 인프라의 광범위한 확산과도 밀접한 관계를 맺고 있다. 기술확산 속도가 빨라지는 것은 소위 양의 되먹임효과(positive feedback)를 불러와 기술변화의 속도를 더 한층 가속화시키는 결과를 낳는다. 반면 과거 하나의 기술혁신이 오랫동안 중요한 진입장벽으로 작용했다면, 오늘날 기술 생애주기가 짧아지면서 한 번의 혁신에 성공했더라도 이에 안주할 수 있는 기간이 짧아지게 되었다. 이에 따라 기술혁신의 사이클을 반복적으로 유지해나갈 수 있는가가 중요한 문제가 되었다. 또한 지식이 보편화되는 시대에 묵시적 지식의 전유를 기반으로 한 클러스터 전략을 어떻게 펼쳐나갈 수 있는가도 중요한 문제가 되었다.

셋째, 글로벌화는 각종 국제규범의 강화를 필연적으로 동반할 것이기 때문에 이들과 국내 기술정책과의 상충관계를 어떻게 해결해나갈 것인가도 중요한 문제이다. 국제규범은 WTO 규정이나 이에 부속된 TRIPs[42] 처럼 명시적인 합의에 의한 것도 있지만, 국제통화기구(IMF), 세계은행(World Bank) 등의 국제기구를 통한 간접적인 영향력에 의한 것까지 다양하게 존재하고 있다. 선진국이 주도하는 이러한 국제규범들은 대체로 규제완화, 경쟁여건 강화, 정부보조와 지원의 축소, 관세 및 비관세장벽 철폐, 국가 간 재화와 자본의 이동 촉진 등에 초점이 있다. 국제규범은 속성상 모든 국가가 동일하게 따를 것을

42 TRIPs는 '무역관련 지적재산권에 관한 협정'을 의미하며, Agreement on Trade-Related Aspects of Intellectual Property Rights의 약자이다. 1994년 WTO협정의 부속서 중 하나로서 채택된 협정으로서 지적재산권의 확산 및 보호를 목적으로 한다.

요구하기 때문에 국제규범이 강화될수록 국내 특성과 전략을 감안한 독자적 정책의 여지가 줄어들게 된다. 예를 들어 특정한 산업을 지원할 목적을 가지고 있는 기술개발 보조금이나 수출관련 보조금, 부품 현지조달 규정 등 과거 한국을 포함한 개발도상국들이 대표적으로 운용해오던 산업정책적 속성의 수단들에 제한을 받게 된다.

넷째, 글로벌 생산네트워크의 분절이 심화되면서 국내 기업들의 가치사슬상 역할이 급격히 변화하고 있다(Henderson, 2002). 특히 세계경제가 다국적기업(MNC: Multi-National Corporation)의 전략적 행동에 크게 영향을 받으면서, 국내기업의 역할 재정립, 기술정책의 구조 재검토가 큰 고민으로 다가오고 있다.

이러한 글로벌화의 심화는 기술정책적 관점에서 기회와 도전을 동시에 제시하고 있다. 기회적 요소로서는 상품시장의 확대라는 단기적인 효과와 함께 기술혁신 네트워크의 확대가 중요하게 부각될 수 있다. 즉, 상품시장의 확대가 그 자체로서도 의미가 있으나 다양한 시장정보 획득으로 혁신의 원천을 확대하는 데도 기여하는 바가 클 것으로 기대된다. 이들 기회적 요인들은 우리 기업들이 고부가 가치 영역으로 성공적으로 옮겨갈 수 있을 때 현실적인 성과로 전환될 수 있다. 이러한 고부가 가치 영역으로의 전이를 위해서 많은 국가들은 현재 혁신클러스터 창출과 업그레이드를 주된 기술정책의 목표로 두고 노력하고 있다(Giuliani et al., 2005).

글로벌화가 가져오는 중대한 도전과제의 하나가 국제규범과 국내규범의 일치에 관한 것임은 이미 언급한 바가 있다. 대표적인 국제규범의 하나인 WTO 보조금협정은 각국의 기술혁신지원 관련 보조금

**| 글로벌 생산네트워크에서의 클러스터 업그레이드 유형 |**

하나의 특화된 클러스터가 상위 부가가치 단계로 업그레이드 해나가는데는 다음의 4가지 유형이 있다(Giuliani et al., 2005). 첫째, 공정 업그레이드(process upgrade)로서 생산시스템을 재조정하거나 신기술을 도입함으로서 생산단가를 낮추는 경우를 의미하고, 둘째, 제품 업그레이드(product upgrade)는 좀 더 가치가 높은 제품을 생산하는 경우로서 재래시장에서 팔릴 수 있는 제품을 생산하다가 고급 백화점에 납품가능한 제품을 생산하는 것이 예가 될 수 있다. 셋째, 기능 업그레이드(functional upgrade)는 단순작업영역에서 고부가 기능으로 옮겨가는 경우를 의미하는데, 단순 조립에서부터 마케팅이나 디자인, 설계 등의 영역으로 옮겨가는 것 등이 예가 될 수 있다. 넷째, 산업 간 전이(inter-sectoral upgrade)는 더 고부가인 유관 산업으로 옮겨가는 경우를 말하며, 단순식품가공업에서부터 축적된 지식을 바탕으로 바이오 의약품 산업으로 옮겨가는 것이 사례가 될 수 있다. 클러스터의 형성뿐 아니라 위와 같은 클러스터의 업그레이드 과정에 기술혁신정책이 여러 가지 면에서 기여를 하게 된다.

이 자국 기업을 편파적으로 유리하게 지원하고 있지 않은지를 놓고 (i) 상품무역과의 관련성, (ii) 정부 또는 공적기관에 의한 재정적 기여 여부, (iii) 혜택 부여 여부, (iv) 특정성 여부, (v) 수출실적 또는 수입대체와 연계 제공되었는지의 여부에 따라, 조치가능 보조금이나 금지보조금으로 판정하여 상계관세 등의 조치를 내리고 있다(고준성, 2005). 과거 한국 경제의 규모가 작고 선진국 시장에서의 경쟁력이 크지 않았을 때는 문제가 되지 않았으나 한국의 산업이 점차 고부가가치화되고, 선진국 기업들과 직접적인 경쟁이 표면화되면서 선진국을 중심으로 한 제재의 문제는 현실이 되고 있다.

최근 하이닉스에 대한 일본의 상계관세 부과(2006년 1월), 한국의 제소(2006년 3월), 그리고 WTO 분쟁조정패널(1심)의 승소(2007년 8월), 일본의 연이은 상소 과정은 국내 기술정책이 국제적 규범과 상당히 복잡한 관계에 있음을 잘 보여주고 있다. 기술정책의 범위를 넓게 해석할 때 위의 사례는 글로벌화의 진전과 함께 기술정책의 설계에서 국제규범과의 관련성을 아울러 검토하고 전략적으로 접근해야 한다는 점을 시사한다.

**| WTO 보조금협정에 따른 금지보조금 문제의 심각성 |**

"'정부 R&D 예산을 숨겨라': 삼성전자·하이닉스반도체 등 한국 대표기업에 미국·유럽의 벌금공세가 이어지고 있는 가운데 우리나라 정부의 R&D 예산도 통상 문제와 관련, 각국의 집중적인 감시를 당하고 있는 것으로 나타났다. 세계무역기구(WTO) 규정상 민간 기업에 대한 정부의 연구개발 지원은 보조금(일명 연구개발 보조금)으로 간주돼 상계관세 부과 대상으로 분류된다. 따라서 R&D 예산이 민간 기업에 흘러갔다는 것만 알아내면 언제든지 상계관세를 부과할 수 있다. 30일 과학기술부 등에 따르면 최근 미국은 우리 차세대 성장동력 산업에 대한 정부의 지원을 '연구개발 보조금'으로 간주할 수 있다고 공식적으로 밝힌 데 이어 차세대 성장동력 산업뿐 아니라 21세기 프론티어 등 범정부 차원에서 추진 중인 4~5건의 연구 프로젝트도 연구 보조행위로 파악하고 관련정보를 수집하고 있다. 이 같은 미국 측의 움직임에 대해 우리 정부는 순수 연구임을 부각시키는 한편 다각적인 대응책 마련에 나섰다. 또 차세대 성장동력, 21세기 프론티어 등 우리 정부의 과학기술 프로젝트는 연구개발 보조금과 거리가 멀지만 세미나 등 관련 행사에 주관부처 이름을 빼는 등 사전에 오해의 소지를 차단한다는 입장이다. 정부의 한 관계자는 "과거에는 미국 등이 연구개발 보조금에 상계관세를 부과해도 별 소득이 없다고 판단해 이슈화하지 않았었다"며 "하지만 언제든지 걸고 넘어질 수 있는 상황인 만큼 사전에 대응책을 강구해야 할 것"이라고 말했다. 연구개발 보조금 때문에 상계관세가 부과된 사례는 아직 나

오지 않았지만 현재 이 문제로 인한 분쟁이 WTO에 15건이나 접수돼 있다. 연구개발 보조금에 따른 상계관세 선례가 나올 경우 산업 전략적 성격이 강한 연구개발 프로젝트를 진행하는 한국 입장에서는 큰 부담이 될 수 있다는 게 전문가들의 지적이다. 안덕근 서울대 국제대학원 교수는 "우리의 과학기술 역량이 높아지면서 미국 · 유럽 등 주요 경쟁국과 겹치는 프로젝트가 갈수록 늘고 있다"며 "외국 통상기관들도 이런 점을 의식해 한국을 집중 감시하고 있다"고 설명했다. 전세계적으로도 정부 차원의 R&D 프로젝트에 대해 철저하게 비밀을 유지하는 게 보편적 추세로 자리잡아가고 있다. 일본의 경우 총 R&D 예산은 발표하지만 구체적인 프로젝트명과 참여기관, 예산은 내놓지 않는다. 미국과 EU도 사정은 다르지 않다. 이 때문에 이들 정부가 주도하는 R&D 프로젝트에 대한 세부 정보를 파악하는 것은 거의 불가능하다. 특히 기후변화협약, 수소 프로젝트 등 주요 차세대 프로젝트는 철저히 비밀을 유지하고 있는 상태이다. 익명을 요구한 한 전문가는 "우리 정부의 일부 부처의 경우 사업을 진행할 때 기업과 같이 한다고 공개해 스스로 분쟁거리를 만들어주고 있다"며 "아울러 우리의 R&D 예산은 미국 · 일본 등에 비해 너무 투명하게 공개되고 있는 것도 문제"라고 강조했다.

출처: 서울경제신문(2006. 4. 30.)

## 9-2. 기업가 정신과 산업동학의 이해

기업가 정신(entrepreneurship)은 기술, 조직, 전략의 측면에서 새로운 아이디어를 가지고 기존 혹은 새롭게 창출되는 시장에 기꺼이 도전하고자 하는 정신을 의미한다. 기업가 정신은 일찍이 슘페터(Schumpeter)가 간파한 자본주의 발전의 근본동력으로서 '창조적 파괴(constructive destruction)'을 구현하는 실체이다. 기업가 정신이 있기 때문에 뛰어난 역량을 가진 새로운 기업이 등장하고, 능력이 뒤처지는 기업이 시장에서 퇴출된다. 이런 과정을 통해 자본주의 시장경제는 항상 긴장과 활력을 유지할 수 있게 된다.

기업이 탄생하고, 성장하며, 소멸해가는 일반적인 패턴을 보여주는 산업동학(industry dynamics)은 한 국가에서 기업가 정신이 얼마나 살아있는가를 보여주는 다양한 지표들을 제시해준다. 산업동학에서는 개별기업의 성쇠과정을 확인할 수 있을 뿐만 아니라 이러한 기업들이 모인 기업인구(firm population)에서의 분포 변화(demographic change)를 관측할 수도 있다. 예를 들어 매해 몇 퍼센트에 해당하는 기업들이 새롭게 시장에 진입(entry)하고, 몇 퍼센트의 기업이 퇴출(exit)되는지를 파악하는 것 등은 산업의 구성이 어떻게 변화하는지를 요약해서 볼 수 있는 좋은 수단이 된다. 산업동학의 관점에서 관측된 여러 가지 지표들은 한 경제체제를 기업들의 집단으로 표현하고, 집계된 경제가 어떻게 움직이는지를 기업 수준에서 관측할 수 있도록 해준다. 이는 사회생물학에서 한 생물체의 군집이 집단적으로 어떻게 변화하는지를 개체들의 움직임을 관측함으로써 알아낼 수 있는 것과 같다.

산업동학을 살펴보는 것은 단순히 경제 전체의 흐름을 파악하기 위한 수치를 얻는 것뿐만 아니라 어떤 기업이 성장하고, 어떤 기업은 퇴출되는지를 면밀히 살펴 기업 차원에서의 전략적 시사점을 얻는 데도 목적이 있다. 나아가 기업의 진입, 성장, 퇴출에 영향을 미치는 각종 제도적 환경을 살펴봄으로써 건강한 산업생태계를 구축하기 위한 정책적 시사점을 얻을 수도 있다.

최근 여러 국가에서 개별 기업수준의 DB가 구축됨으로써 산업동학연구가 활발히 이루어지고 있는 중이다(Ahn, 2001).

| 산업동학의 정형화된 사실들(Stylized facts) |

산업동학 분석에서는 다음과 같은 사실들이 일반적으로 관측된다.: (i) 평균적으로 기존기업들보다 새로 진입한 기업들의 퇴출율이 높다. (ii) 신규진입기업 중 무사히 살아남은 기업들은 기존 기업보다 빠른 속도록 성장한다. (iii) 산업전체의 생산성은 우수한 기업이 진입하고(entry effect), 비효율적인 기업들이 퇴출되며(exit effect), 생산성이 뛰어난 기업의 시장점유율이 상대적으로 올라가며(share effect), 살아남은 기업들의 생산성이 전체적으로 올라감에 따라(within effect) 향상될 수 있다. 우리나라에는 현재 약 10만 개가 넘는 5인 이상 제조사업장(plant)이 있다. 1990년에서 2003년까지의 전수조사자료에 의거한 안상훈(2006)의 분석결과에 의하면 생산성이 높은 기업들이 등장함으로써 생산성이 증가한 효과가 산업전체 생산성을 높이는 데 가장 큰 공헌을 하였고, 점유율효과나 퇴출효과 등은 부정적인 영향을 미친 것으로 나타난 바 있다.

많은 국가가 산업동학에 대해 관심을 기울이고, 연구하고 있는 중요한 이유는 기술혁신이 건강한 산업생태계를 이룩하는 데 결정적인 요인이 되기 때문이다. 이와 관련하여 산업동학연구는 첫째, 기술혁신을 수행하는 기업들은 생산성이 높고, 빠르게 성장하며, 오래 살아남는 것을 수치로 보여주고 있다.[43] 둘째, 기업 활동을 저해하는 여러 가지 제도적 요인들이 기업의 창업활동과 기존기업의 혁신적 시도들

[43] Cefis and Marsili(2006)은 네덜란드 제조기업을 대상으로 혁신이 기업생존에 얼마나 영향을 주는지를 측정한 바 있다. 전체 표본을 적절히 나누어 분석한 결과 혁신을 수행하는 기업(innovator)이 혁신을 수행하지 않는 기업(non-innovator)에 비하여 초기 1년내 생존할 확률이 6.7퍼센트 차이에 이르고, 7년 후까지 생존확률을 기준으로 하면 무려 58퍼센트나 높은 생존확률을 갖는 것으로 도출되었다. 모든 네덜란드 기업에 대해 일반화할 수는 없지만, 어떤 산업군에서는 혁신의 문제가 수익을 좀더 올릴 수 있는가의 문제가 아니라 생사의 문

을 저해하고 있음을 확인하고 있다.

기술정책을 통한 궁극적 기대효과가 경쟁력 있는 산업생태계 조성과 이를 통한 국가경제 전체의 혁신활성화에 있다고 할 때 기술정책이 소기의 목적을 달성하기 위해서는 기술개발에 대한 지원뿐 아니라 기업 활동과 관련된 전반적인 제도적 환경이 아울러 논의되어야 한다. 이를 위해서는 무엇보다 기업들이 어떻게 탄생하고, 탄생한 후 어떻게 성장하거나 소멸하는지에 대한 원인과 현황을 정확히 이해하는 것이 중요하다. 산업동학은 이러한 관점에서 근거 있는 기술정책을 위한 기초자료를 제공한다고 할 수 있다.

## 9-3 기술혁신과 고용

기술혁신이 빨라지면 일자리는 줄어드는 것일까, 늘어나는 것일까?[44] 1800년대 초 영국을 휩쓸었던 러다이트 운동은 기술혁신으로 인해 일자리가 줄어들 것을 우려한 노동자들의 조직적 저항을 대표적으로 보여주는 사례이며, 기술혁신과 고용의 관계에 대한 초기의 인식을 가장 극적으로 보여주고 있다.

그러나 새로운 기술혁신의 결과가 채택되었을 때 고용에 미치는 영향은 '감소' 혹은 '증가'와 같이 단순하게 나타나지는 않고, 고용의 양

---

제임을 잘 보여주고 있다.

[44] 기술혁신과 고용의 관계를 바라보는 두 가지 대표적인 관점으로서 균형론적 접근과 제도론적 접근이 있다. 이들에 대한 간략한 소개는 Pianta(2005)와 배용호 외(2006)를 참조할 것.

| 러다이트 운동 |

러다이트 운동은 1811년부터 1817년까지 벌어졌던 영국 방직공장들에 대한 노동자들의 기계파괴시위를 일컫는다. 당시 나폴레옹 전쟁으로 경제적 어려움이 가중되었고, 그 와중에 새로운 방직기계의 도입으로 인한 해고가 만연하였다. 이에 저항하기 위하여 신기술 도입을 물리적으로 저지하고자 한 일련의 시도들을 러다이트 운동이라 한다. 1811년 노팅엄 지역에서 시작되어 잉글랜드 지역으로 번졌고, 영국정부에 의하여 강경탄압이 되기까지 여러 지역이 공격 대상이 되었다. 요크 지방에서는 1813년 17명이 체포되어 사형당하기도 하였다. 러다이트 운동은 네드 킹 러드(King Ludd) 혹은 캡틴 러드(Captain Ludd)로 불리우던 네오 러다이트(Luddite)라는 인물이 한 주도된 것으로 알려져 있으나 실존인물인지는 불분명하다. 러다이트 운동은 기계저항운동이기도 하지만 당시 새롭게 등장하고 있던 근로자 계층의 팽배한 불만을 대변하고 있기도 한다.

출처: Berg (1994) 참조

(quantity)과 질(quality)에 복합적으로 영향을 미치게 된다(Pianta, 2005).

양적인 측면에서는 노동절약적 기술혁신이 있을 때, 우선 기업단위에서 단위 생산물을 만들어내는 과정에서 고용은 감소할 수 있으나, 이 혁신기업의 시장점유율이 올라갈 것이므로 결국 고용이 증가할 것이라 볼 수 있다. 산업측면에서 보면 기존기업의 혁신이나 혁신에 기반한 새로운 창업 등으로 중장기적으로 산업 전체의 고용이 늘어난다고 보는 것이 일반적이다. 또한 혁신이 왕성하고 성장이 빠른 산업에서 고용이 늘어나고, 그렇지 못한 산업에서는 고용이 줄어들 것이지만, 국가경제 전체적으로 볼 때 경제전체의 성장이 혁신산업에 의해 주도될 경우 고용은 전반적으로 늘어날 수 있다.

그러나 위와 같은 단순한 도식 외에 해고된 인력이 미치는 총수요

감소효과나, 새로운 기술혁신을 뒷받침하기 위한 새로운 자본재 산업의 출현, 외국과의 경쟁 등 고용의 양에 미칠 수 있는 다양한 영향요인들이 있기 때문에 총체적인 양적 효과는 실증의 문제가 된다. 예를 들어 유럽의 경우 1990년대 많은 기술적 혁신이 있었고, 많은 기업들이 혁신적 생산방식을 채택했음에도 불구하고 실업이 큰 문제가 되었다. 이는 혁신의 문제라기보다 유럽 전체의 시장수요 증가가 제한적이었고, 미국, 일본 등 경쟁국의 생산효율이 상대적으로 더 높았기 때문이다. 이는 혁신과 고용의 관계가 거시경제 환경적 요소까지도 포함하여 고려해야 하는 복잡한 관계임을 의미한다(Pianta, 2005).

한국의 자료를 바탕으로 실증 연구된 배용호 외(2006)의 연구결과에 따르면 고기술(high technology)산업에서는 기술혁신이 고용에 긍정적인 효과를 미치지만 중저기술(medium-low technology) 혹은 저기술(low technology)산업에서는 기술혁신과 고용 간에 음의 관계가 있는 것으로 나타났다.

**| 무인자동화의 그늘: 제조업 일자리 급감 |**

"(전략) 첨단 기술이 낳은 자동화 · 디지털화가 비숙련 노동의 종말을 앞당기고 있다. (중략) 일본 유리카모메는 출발역인 신바시와 종착역인 도요스를 뺀 나머지 14개 역이 모두 무인시스템으로 운영된다. 승차권은 모두 무인 발권기에서 판매되며, 역사 관리 또한 CCTV를 통해 이뤄진다. 오전 6시부터 밤 12시 30분까지 3~7분 간격으로 운영되는 모노레일에는 운전사와 승무원이 단 한 명도 타지 않는다. 한국에서라면 안정적인 직장으로 각광받았을 법한 100여 개의 철도 관련 일자리가 이곳에서는 열차 운행 시작 때부터 존재하지도 않았다. 도쿄와 마주보고 있는 항구도시 요코하마에 자리잡은 세계 최대 규모의 차이나타운에는 하루 3만 명이 넘는 관광객이 찾는다. 이 일대 유료 주차장들은 늘 북새통을 이루지만 한국과 달리 관리요원을 한 명도 찾아볼 수 없다. 요금 정산 등 모든 업무는 기계로 이뤄지며, 문제가 생기면 출입구에 설치된 비상전화로 해결하게 돼 있다. 이런 모습은 요코하마에서만 볼 수 있는 게 아니다. 으레 관리인들이 상주하는 우리식 주차시스템은 일본 도심에서는 거의 찾아볼 수 없다. 도쿄 시내에서 30킬로미터가량 떨어진 고다이라 시에 위치한 브리지스톤 타이어 도쿄 공장은 자동화 공정의 선두기업으로 꼽힌다. 서울 상암월드컵 경기장의 3배 면적인 56만 제곱미터(약 17만 평)의 공장에서 하루 3만여 개의 타이어를 만들지만 생산직 근로자는 채 1000명이 되지 않는다. 97퍼센트에 달하는 고도의 공정 자동화 덕분이다. 하루 6만여 개의 타이어를 생산하는 한국타이어 대전공장 인력이 5500명인 것과 비교해 보면 이곳의 일자리가 얼마나 적은지 가늠할 수 있다. 세계에서 가장 앞서 있는 일본의 무인화 기술은 역설적으로 일본의 경제 침체를 설명하는 '키워드'이기도 하다. 인건비 증가로 인한 생산기지 해외 이전과 자동화로 인한 비숙련 일자리 수요 감소가 내수 경기 위축으로까지 이어지면서 경제 회복의 발목을 잡고 있다. '세계 제조업 왕국'으로 군림하며 1991년 25퍼센트에 달했던 제조업 고용 비중도 지난해 18퍼센트까지 떨어졌다. 고된 노동에서 사람을 해방시켜 삶의 질을 높여줄 것으로 기대했던 자동화가 오히려 인간을 일터에서 내몰고 있는 형국이다. 선진국을 중심으로 나타나고 있는 일자리 감소 현상은 우리로서도 피할 수 없는 '현실'이 됐다.(후략)"

출처: 서울신문(2008. 10. 6.)

고용의 질(quality)과 관련해서는 대체로 기술혁신이 고급인력에 대한 수요는 증가시키지만, 단순노동인력에 대한 수요는 감소시킨다는 견해가 우세하다. 특히 최근 정보통신 관련 신기술이 거의 모든 기업 현장에 채택되면서 정보통신기기를 잘 다룰 수 있는 지적인 인력과 그렇지 못한 인력 간에 고용기회 차이가 심각해지고 있다. 임금에서도 동일한 의미의 양극화(polarization)가 나타나고 있는데, 기술혁신을 창출하거나 학습, 수용할 수 있는 근로자의 임금과 그렇지 못한 단순인력의 임금 간에 격차가 점차 커지고 있는 추세이다(Caroli and Reenen, 2001).

이상의 논의를 종합하면, 기술혁신과 고용간의 관계는 양적으로는 긍정적이나 질적으로는 양극화를 낳을 수 있다는 것이 일반적인 견해라고 할 수 있을 것이다. 기술정책의 관점에서는 기술혁신이 고용의 양과 질에 모두 긍정적인 영향을 미칠 수 있도록 각종 정책을 펼쳐나가는 것이 중요한 과제이다.

고용과 관련된 기술 정책적 과제는 크게 기존 고용인력에 대한 지원과 신규인력의 배출에 관한 것으로 나눌 수 있다. 기존 고용인력의 경우에는 경쟁력 있는 직업교육훈련을 제공하는 것이 무엇보다 중요하다. 쇠퇴하는 기업이나 소멸하는 산업에서 빠져나온 인력들이 성장하는 기업과 산업으로 마찰없이 이동하기 위해서는 새로운 직무에 대한 이해가 필요하기 때문이다.

신규인력의 배출에서는 끊임없이 변화하는 기술 및 산업지형에 잘 적응해 들어갈 수 있도록 '학습능력'과 '기초능력'을 배양하는 것이 중요하다. 학습능력은 신규로 노동시장에 참여하기 전에 새로운 분야를 학습할 수 있는 습관과 방법을 익히는 것을 의미하고, 기초능력은 특히 기술혁신 관점에서 수학, 과학 및 커뮤니케이션 역량 등을 의미한다.

## 9-4 추격과 탈추격

1980년대 후반에 이르기까지의 고도 경제성장기에 우리나라는 주문자생산방식(OEM), 기술라이센싱, 역엔지니어링을 비롯하여 여러 가지 방법으로 선진기술을 습득함으로써 발전하였다. 이 과정에서 추격국가(catching-up country)로서의 혁신체제적 특징을 가지게 되었다. 예를 들어 기업들의 경우 기술창출이 아니라 기술습득, 변형, 생산적용에 특화된 조직과 문화를 가지게 되었다. 또한 규모의 경제를 조기 달성하기 위하여 일본식 주거래 은행제도에 의한 자본 집중투하의 양식을 배태하게 되었다. 공공연구소 역시 선진기술의 학습과 전수기능을 위주로 했고, 대학의 연구역량은 미미했다(송위진 외, 2006). 규모의 경제와 공정혁신 위주의 점진적 기술개발전략은 수출주도전략과 맞물리면서 한국 경제의 양적 팽창을 뒷받침해왔다.

그러나 2000년대 들어서면서 반도체, 디스플레이, 휴대폰, 조선 등 일부 분야에서 세계적 기술혁신의 흐름을 선도하는 사례가 부분적으로 나타나게 되었다.

추격과 선도 입장은 여러 가지 면에서 차이가 있다. 우선 선도국가와 선도기업은 고도의 기술적, 시장적 불확실성 속에서 혁신의 아이디어가 성공할지 아닐지를 직접 테스트해야 하기 때문에 탐색비용을 지불해야 하는 입장에 놓이게 된다. 그러나 추격하는 입장에서는 이들 선도자들이 시험하고, 성공한 아이디어만을 좇아 선택할 수 있기 때문에 기술적, 시장적 불확실성은 상대적으로 크게 낮아진다. 그러나 선도자는 선발자의 이득(first-mover advantage)을 누릴 수 있지만,

| 세계일류상품 |

"LG전자의 텔레매틱스용 차량제어 플랫폼, 심텍의 메모리 모듈용 기판, 이너스텍의 블루투스 핸즈프리 카키트 등 19개 품목이 현재 우리나라가 생산하는 세계일류상품 대열에 새로 합류했다. 에스에프에이의 LCD용 8세대 기판연마 장비, 인텔리안테크놀로지스의 이동체용 위성방송 수신안테나 등 37개 품목은 차세대 일류상품으로 뽑혔다. 지식경제부는 세계일류상품발전심의위원회(위원장 이재훈 차관)를 열어 이 같은 56개 품목을 현재와 차세대 세계일류상품으로 추가 지정했다고 11일 밝혔다. 이에 따라 올해 우리나라가 보유한 세계일류상품은 현재 388개, 차세대 207개 등 총 595개에 이르게 됐다. 이 가운데 세계시장 점유율 1위 품목도 지난해 기준 127개에 이른다."

출처: 전자신문(2008. 12. 12.)

후발자는 선발자와 차별화된 정도만큼의 한계적 이득만을 얻게 된다.

또한 선도자들은 새로운 것을 계속 시험해야 하기 때문에 원천기술 개발에 관심을 갖게 되고, 외부의 아이디어에 대해서도 개방적일 수밖에 없다. 그러나 추격하는 입장에서는 원천기술보다 응용, 개발기술이 더욱 중요하고, 외부의 새로운 아이디어를 구하기보다, 기존기술을 기업 내부에서 심화시키고, 조속히 적용하는 데 관심을 둔다. 이러한 속성은 기업의 경우 조직구성과 행동 방식에서 차이로 드러나게 된다.

추격에 일정 정도 성공하고 나면 필연적으로 선도자의 입장에 서게 된다. 이 경우 앞선 특성에서 살펴본 바와 같이 고도의 불확실성에 도전하는 전략을 새롭게 구사해야 하고, 과거와 다른 조직구성과 혁신 방식을 구축해야 한다. 우리의 당면과제는 추격에서 선도로 어떻게 성공적으로 전이(transition)하는가이다. 요즘 많이 진행되고 있는 '탈추격'에 관한 논의[45]는 추격국가에서 선도국가로 변모하고자 하는 우리의 입장에 기술정책적으로 많은 시사점을 제공하고 있다.

탈추격에는 여러 가지 전략이 있을 수 있다. 그러나 개별적인 전략을 논의하기에 앞서 가장 중요한 것은 지난 40년간 성공적인 추격의 과정에서 배태된 후발자로서의 무형적, 유형적 관행과 제도를 인식하고 극복해나가는 것이다. 이는 우리 사회전체가 가진 경로의존성을 반성하는 과정이기도 하다. 후발자는 전형적인 관행으로서 첫째, 끊임없이 선발자의 행동을 탐색하는 벤치마킹의 습성을 가지고 있고, 둘째, 의사결정 및 조직구조가 수직적, 명령적, 실행적 체계를 가지고 있다. 셋째, 리스크를 최소화하기 위해 검증된 몇 가지 프로젝트에 자원을 집중하는 경향이 있다.

이러한 문제들을 극복하기 위해 개별적인 전략의 문제와 함께 뿌리 깊은 제도적 관행을 극복할 획기적인 방향선회가 요구되고, 이를 위해 기술정책적 지원이 필요할 수 있다. 무엇보다 개방적인 혁신시스템 체제를 갖추어가는 것이 중요한 과제라 할 수 있다. 현시점이 부분적으로 추격에서 벗어나고 있는 단계일 뿐 완전히 선도하고 있는 단계로 볼 수 없기 때문에 특히 원천기술 기반과의 네트워크 혹은 다양한 혁신주체 간의 연계를 통하여 심화된 기술에 보다 빨리 접근하고, 융합형 아이디어를 찾아내는 것이 무엇보다 중요하다. 이를 위해 다양한 기술정책 수단을 동원할 수 있어야 한다.

---

45 탈추격의 사례, 혁신정책적 시사점 등에 대해서는 이근(2005), 송위진 외(2007) 등을 참조할 것.

또한 기술정책뿐 아니라 경제사회 제도와 관행 전반의 탈추격화 전환이 동시에 추진되어야 한다. 기술 혁신이 기술만의 문제가 아니라 제도와의 상호관계 속에서 이루어지는 것임은 이미 강조했거니와 기술혁신 관련 제도로서 국가연구개발지원시스템, 표준 및 인증제도 등 기술과 관련된 제도 이외에 금융제도, 기업조직, 기업관련 규제, 환경 등 기타 사회규제 등 일견 혁신과 직접적인 상관관계가 없는 제도들이 함께 탈추격 단계에 걸맞도록 변화되어야 한다.

## 9-5 기술정책의 평가

기술정책이 실험실에서의 연구 활동만을 지원하는 과학정책에서부터 모든 주체들과의 연계, 그리고 제도를 함께 고려하는 혁신정책으로 모습을 갖추어가고 있다는 점은 이미 지적한 바와 같다. 그리고 이러한 지향의 변화가 혁신시스템적 사고의 확산과 긴밀히 연계되어 있다는 점도 논의하였다. 이때 정책수행자의 입장에서 중요하게 고려해야 할 점은 기술정책의 대상인 혁신시스템 자체가 기계적으로 움직이는 것이 아니라 끊임없는 실험과 시행착오의 결과 진화적으로 변화해 나가는 것처럼 정부의 정책 자체도 한 번에 문제를 해결할 수 있는 것이 아니라 끊임없는 학습과 시행착오를 거칠 수밖에 없다는 점이다. 즉 정부 역시 제한된 정보를 가진 혁신시스템의 한 주체로서 여러 주체와 제도들 속에서 함께 진화적으로 움직일 수밖에 없다는 점을 인식해야 하는 것이다. 이 점은 균형론적 사고 체계에서 시장실패의 원인을 정확히 식별해서 균형을 회복할 수 있을 만큼의 정책지원을 설계하고 적용하면 시장실패가 치유될 것이란 믿음으로 실행을 하는 것과 다른 사고방식이라 할 수 있다.

모든 정책에서와 마찬가지로 기술정책 역시 원인진단, 정책입안(plan), 정책실행(do), 정책평가(see), 조정(adjustment)의 매커니즘을 가지지만 혁신시스템적 사고방식 하에서는 특히 '평가'가 중요한 역할을 한다. 이는 설계된 정책이 주체와 연계에 어떤 영향을 미치는지 사전에 모두 알 수 없고, 정책이 시행되는 순간 이미 상황이 변화하기 때문에 완전한 합리성에 기반한 것이 아니라 항상 수정, 변화할 수 있는 가능성을 열어둔 정책형성 매커니즘이 필요하기 때문이다.[46]

기술정책의 평가는 '수행된 기술정책이 기술혁신시스템 내 혁신주체의 역량, 연계관계, 그리고 관련 제도적 환경에 단 · 중 · 장기적으로 어떠한 영향을 미쳤는지를 파악하여, 정책을 개선해나가는 과정'으로서 의의를 갖는다. 이러한 의미의 정책평가는 흔히 공공자금의 집행 관점에서 얼마나 수익을 창출할 수 있었는가를 평가하는 비용평가분석(cost-benefit analysis)과는 그 목적에서부터 크게 다르다.

기술정책적 행위, 특히 공적자금이 활용되는 금전적 지원에 엄격한 성과증명이 요구된다는 점은 원칙적으로 타당한 주장이지만, 현실적으로 이를 명쾌하게 제시하기는 어렵다. 그 이유는 첫째, 기술개발의 성과가 단기간에 가시화되기보다 오랜 기간을 두고 누적적으로 일어나는 경우가 많고, 둘째, 기술개발의 성공에 정부의 정책적 지원 외 많은 다른 요소가 개입되는 것이 일반적이기 때문이다. 또한 사회적

46 이를 엔지니어링적 정책매커니즘이라고 하기도 한다.

| GPRA와 국가연구개발평가체제 |

정부의 연구개발지원에 대한 평가 문제는 1980년대 들어서면서 미국을 중심으로 그 목소리가 높아졌다. 그 이전까지 연구개발 활동에 대한 지원은 그 종류를 막론하고 사회적으로 정당성을 인정받아왔던 것에 비해 1980년대 이후 연구개발투자금액이 커지고, 반면 미국 정부의 예산적자가 커지면서, 연구개발에 대한 지원 역시 그 성과를 증명할 수 있어야 한다는 견해가 힘을 얻게 되었다. 1993년 미국 행정부는 '정부성과보고에 관한 법(GPRA: Government Performance Reporting Act)'을 제정하고, 정부의 모든 공적 자금 활용행위에 대해 정해진 양식으로 성과를 증명하게 했다. 이와 유사하게 영국은 1999년 공공서비스협약제도(PSA: Public Service Agreement)를 채택했고, 일본 등 다른 나라들도 유사한 법제를 도입했다. 이러한 일련의 제도적 변화에 따라 정부의 연구개발 지원에 대해서도 엄격한 성과증명을 요구하기 시작하였다. 우리나라도 2005년 '국가연구개발사업 등의 성과평가 및 성과관리에 관한 법률'을 제정하여 연구개발 지원의 성과 증명에 대한 제도적 기반을 마련했다.

관점에서 볼 때 각 부문으로 파급되어간 효과까지를 포함해야 하기 때문에 특히 어려움이 많다. 방법론적으로는 지원을 받았을 경우(factual)와 지원을 받지 않았을 경우(counter-factual)를 비교할 수 있을 때 정책적 지원으로 인한 순수한 부가적효과(additional effect)를 도출할 수 있지만, '지원을 받지 않았을 때'라는 가상적 상황 자체가 존재하지 않기 때문에 부가적 효과를 측정하는 것은 무척 어려운 과제이다.

기술정책의 평가가 당위적으로 타당하다고 하더라도 향후 방법론적으로 위에서 언급된 문제들을 해결하기 위한 노력이 계속될 필요가 있다. 즉, 기술개발성과의 시차 문제, 파급효과 문제, 지원받지 않았을 경우(counter-fact)와의 비교를 통한 부가적 효과 측정의 문제 등에 대처하기 위해 지속적으로 방법론을 개발해나갈 필요가 있다.

또한 성과평가가 얼마나 근거 있게 진행되는가는 얼마나 정확한 자료를 가지고 있는가의 문제와 직결되어 있기 때문에, 성과평가를 뒷받침할 체계적인 데이터베이스를 확립하는 문제에도 지속적으로 관심을 기울일 필요가 있다.

**| 매칭 테크닉을 이용한 성과평가 |**

정책 성과평가에서 가장 어려운 문제는 '지원받지 않았다면' 어떤 결과가 있었을지를 알아내는 문제이다. 현실에서 존재할 수 없는 이러한 상황을 반사실(counter-factual)라고 하는데, 현실의 결과와 반사실의 결과를 비교할 수 있을 때 비로소 정책이 가져온 차별적 효과를 도출할 수 있게 된다. 의학에서도 이와 유사한 문제를 발견할 수 있다. 특정한 의약품이 개발되었을 때 그 효과를 알기 위해서는 그 약을 복용한 환자의 변화된 상황만을 계측해서는 소용이 없고, 그 약을 복용하지 않았다면 나타났을 상황과 비교를 해서 측정해야 한다. 이 문제를 해결하기 위하여 흔히 이중맹검시험(double blinded test)를 실시한다. 이 시험에서는 다른 조건을 동일하게 조율한 후 투약하는 의사도 알 수 없는 상태에서 일부의 환자들에게는 진짜 약을, 그리고 나머지 환자들에게는 가짜 약을 투약한 후 그 결과를 비교한다. 그러나 불행하게도 정부정책에서는 이와 유사한 실험을 실시할 수 없기 때문에 매칭(matching) 테크닉을 이용하여 정책의 혜택을 받지 않은 그룹을 만들어내는 통계적 방법을 쓴다. 예를 들어 정책의 수혜를 받지 않은 수많은 기업들(population) 중에서 수혜를 받은 기업과 여러 모로 유사한 기업을 골라낸다. 이 과정을 매칭이라 부른다. 수혜를 받은 기업과 그에 매칭된 기업의 성과를 시간대에 따라 비교함으로써 정책수혜의 성과를 알아낼 수 있다.

## 9-6 기술정책과 경제정책과의 연계 확대

기술혁신이 이루어지기 위해서는 기술적 지식도 있어야 하지만, 고급인력도 공급되어야 하고, 투자환경도 좋아야 하며, 입지 여건도 갖추어져야 한다. 이러한 의미에서 혁신은 연구실에서 일어나는 것이라기보다 경제시스템 전체의 움직임 속에서 일어나는 것이라 할 수 있다. 기술개발의 효과도 단지 새로운 기술 하나가 탄생하는 데서 그치는 것이 아니라 고용에 영향을 미칠 수 있고, 물가와 무역에 골고루 영향을 미칠 수 있다. 1990년대 이후 인터넷 기술이 경제사회 전반에 미친 영향을 생각해보면 이를 쉽게 짐작할 수 있다. 따라서 기술혁신의 패턴과 성과의 문제는 경제 환경과 긴밀한 관계가 있음을 알 수 있다. 특별히 기술혁신에 상대적으로 많은 영향을 미치는 경제 환경을 간단히 살펴보면 아래의 표와 같다.

[표 9-1] 혁신에 영향을 미치는 경제환경[47]

| 구분 | 세부요소 |
|---|---|
| 산업환경 | 입지, 인력, 재료 등 투입요소환경,<br>산업경쟁도 및 가치사슬 고도화 정도 |
| 투자환경 | 조세환경, 거시경제적 안정성, 금융시장 발달정도 |
| 무역환경 | 자유도, 환율 등 대외지표의 안정성, 인적자원 수준 |

47 아래에서 각 변수가 모두 양의 방향으로 혁신에 영향을 미치지는 않는다. 예를 들어 산업이 경쟁적일수록, 혹은 무역자유도가 높을수록 혁신이 촉진된다는 것을 의미하지는 않다. 위 표는 단지 각 변수들이 어떤 방향으로든 혁신에 영향을 미칠 수 있다는 것을 나타낸다.

위에서 언급된 요소들이 혁신에 영향을 미치는 모든 요소라고 할 수 없으나, 대체로 국가경제의 중요한 특질들이 어떤 형태로든 혁신에 영향을 미침을 알 수 있다. 예를 들어 거시경제적 안정성이 저해될 경우 미래가 더욱 불확실해지기 때문에 기업들은 혁신에 투자하기보다 현상유지에 급급해진다.

비록 각 변수가 혁신에 영향을 미치는 정도와 경로는 다르다고 하더라도 혁신에 어떤 식으로든 영향을 미친다고 하면, 각 변수를 주된 관심사로 하는 인적자원, 무역, 투자, 산업입지, 조세, 인프라 등 여러 분야의 경제 정책들 역시 직간접적으로 혁신에 영향을 주게 될 것임을 쉽게 짐작할 수 있다.

이러한 논의들은 제반 경제정책을 논의할 때 혁신에 긍정적인 영향을 미칠 것인가를 놓고 주도면밀한 검토가 필요하다는 것을 시사한다.

그러나 국가의 모든 세부적인 경제정책의 입안자들에게 혁신관점에서 영향이 있는지를 살펴보고, 혁신 친화적이 되도록 수정할 것을 요구하는 것은 현실적으로 가능하지 않다. 그 이유는 고려해야 할 정책의 종류가 너무 많고, 각 정책이 영향을 미치는 정도가 다르며, 이를 강제할 수단이 많지 않기 때문이다. 이를 감안할 때 정책의 리더십을 발휘하여 혁신관점에서 관련 경제정책을 식별하고, 종합적으로 검토하는 추진체제가 요구된다. 이러한 종합적 검토를 통해 혁신과 관련하여 상호 조화되지 않는 정책이 있을 경우 조정이 이루어질 수 있고, 보완적 성격이 강한 정책의 유기적 추진이 가능해진다.

따라서 기술혁신이 국가적 차원에서 진작되려면, 행정조직의 측면에서 실질적인 조정력을 가진 조직이 존재해야 한다는 것을 알 수 있다. 로드맵이나 이니셔티브(Initiative) 혹은 특별법의 형태로 전 정책 조직이 공감대를 가지고 추진하는 형태를 취하는 것도 하나의 방법으로 고려해볼 수 있다.

**| Amable의 제도 간 조화(coherency) 이론 |**

Amable(2000)은 여러 가지 제도들 간에는 조화되는 정도, 이른바 궁합이 맞는 정도가 다르다고 주장하였다. 제도의 종류가 다양하고, 이들을 조합할 수 있는 방법 또한 다양하기 때문에 국가적 차원에서 보면 각 나라마다 서로 다른 제도의 조합을 발견할 수 있다. 가령 예를 들어 주주자본주의, 벤처문화, 강력한 독과점제도, 대학경쟁력 등으로 특징 지워지는 미국의 제도조합과 은행자본주의, 대기업집단, 약한 독과점제도, 기업내교육(OJT)로 대표되는 일본의 제도조합은 그 성격이 크게 다르다는 것을 알 수 있다. 선진국 간뿐만 아니라 선진국과 후진국 간에도 크게 다른 제도조합을 발견할 수 있다. 이들 제도조합은 나름대로의 역사적, 사회적 배경 아래 서로 보완적 관계에 있는 제도들끼리 어울려 형성된 것들이다. 제도의 조합이 성장과 혁신에 유리하게 형성되어 있으면 국가가 발전할 수 있지만, 그렇지 않으면 후진국에 머물게 된다. 예를 들어 많은 후진국들의 특성으로서 미약한 사유권보호, 취약한 사법체계, 불안정한 정치, 약한 노동규율과 교육기반은 서로 강화하면서 혁신에 불리한 방향으로 고착되어 있다. 상호보완관계를 바탕으로 형성된 제도의 조합을 상정한다면 한 제도를 고치는 것은 연관된 다른 제도들 때문에 예상치 못한 결과를 낳을 수도 있다는 것을 짐작할 수 있다. 예를 들어 은행 중심의 대기업, 오너지배 체제가 잘 발달되어 있는 제도조합의 경우 중장기 투자가 가능한 것이 큰 장점으로 손꼽힌다. 이러한 상황에서 금융 부문의 경쟁을 높일 목적으로 금융규제를 대폭 완화하고, 증시를 활성화하는 등의 조치를 취하게 되면 금융 부문이 거두는 이윤은 나아질 수 있지만, 금융기관의 투자성향이 단기 안정적으로 변화하고, 오너를 대신하는 전문경영인체제가 자리 잡으면서 역시 단기이윤을 중시하는 방향으로 전략적 초점이 변하게 된다. 그러나 인적자본의 축적방식이나 혁신아이디어의 창출, 선택과 관련된 사회적 제도기반이 이러한 변화에 부응하지 못할 경우 혁신과 성장이 저해되는 효과를 낳게 된다. 이상의 논의는 첫째, 여러 가지 국가제도를 변화시킬 때 혁신과 관련하여 어떤 시사점이 있을 수 있는지를 면밀히 검토하고, 다양한 제도를 함께 논의해야 한다는 점을 시사한다. 둘째, 다른 국가나 산업 혹은 기업에서 성공적으로 적용된 하나의 혁신적 제도가 있을 때 그 제도를 무비판적으로 수입하기보다 어떤 다른 제도와 보완적 관계를 가지고 있었기에 그러한 성공을 거두었는지를 잘 살펴보아야 한다는 점을 시사한다.

## 9-7 사회문제 해결을 위한 기술의 기여

기술발전이 국가경제발전의 기본이 된다는 점이 기술정책의 필요성을 논의할 때 가장 중요한 논리이다. 그러나 기술발전은 단지 경제발전을 통해서만이 아니라 기술 그 자체가 가지고 있는 가치를 통해서도 인간의 삶에 기여할 수 있다. 예를 들어 환경처리 관련 기술이나 노인복지와 관련된 기술들은 인간의 삶의 질을 개선하는 데 도움을 준다. 또한 기술발전은 인간다운 삶을 영위하지 못하는 많은 가난한 나라의 국민들에게 새로운 삶의 기회를 제공하기도 한다.

이처럼 기술발전의 문제를 경제발전으로만 연결시켜 생각하지 않고, 여타 사회적 문제의 해결 수단으로서 생각하면, 기술혁신과 관련된 정책의 범위도 당연히 넓어진다. 따라서 노인복지정책이나 장애인정책을 생각할 때 기술발전의 활용가능성을 염두에 두어야 하고, 환경정책을 구상할 때도 당연히 기술발전의 문제를 고려하여야 한다. 교육정책에서도 학생과 교사가 당면하고 있는 기술적 환경에 대한 고민이 필요하고, 심지어 사법정책이나 식품안전정책에서도 혁신의 문

**| 단돈 3.5달러에 정수된 물을 얻는 기술 |**

"덴마크 발명가 T. V. 프랑센은 빨대처럼 생긴 휴대용 정수기를 약 3.5달러의 비용으로 만들어냈다. 아무리 오염된 물에서라도 이 정수기를 대고 몇 번 입으로 빨아 당기면 깨끗한 물을 즉시 먹을 수 있다. 특히 수인성 질병(water borne disease)의 원인인 박테리아를 걸러내 많은 목숨을 구할 수 있을 것으로 기대된다. 이 때문에 이 정수기의 이름을 생명빨대(Lifestraw)라고 지었다. 극빈국에서는 6명 중에 한 명이 식수를 얻지 못하고 있고, 매일 6천 명의 사람이 수인성 질병으로 목숨을 잃고 있기 때문에 생명빨대는 이름 그대로 이들 나라의 국민들에게 '생명'을 가져다줄 수 있을 것이다."

출처: BBC News(2006. 5. 4.)

제를 충실히 고려할 필요가 있다. 국제적으로도 빈곤퇴치의 문제나 테러방지와 같은 문제도 문제분석이나 해결을 위해 의당 기술혁신의 문제가 논의되어야 한다.

이처럼 기술이 수많은 사회문제와 연관되어 있기 때문에 기술혁신의 문제를 국가적 정책의 차원에서 논의할 때는 비단 경제활동에 대한 기여로 축소해서 볼 것이 아니라 사회전반에 미치는 영향을 균형 잡힌 시각으로 바라볼 필요가 있다.

그러나 한편으로 기술혁신과 제반 사회적 문제, 혹은 여타 정책과의 관계를 논할 때는 혁신 인센티브의 문제에 대한 깊이 있는 통찰이 필요하다. 사회적 문제를 해결하는 것이 삶의 질 문제를 해결하는 것이고, 나아가 인간의 존엄을 향상시키는 것이기는 하지만, 이에 소용되는 기술혁신이 반드시 인류애에 기반해서 이루어질 수 있는 것은 아니기 때문이다. 예를 들어 우리 주변 하천의 물을 맑게 하는 것이 중요하고, 이를 위해 보다 나은 하수처리기술을 개발하는 것이 바람직하지만, 적절한 인센티브가 주어지지 않을 경우 이러한 기술이 스스로 개발되기를 기대하기는 어렵다. 그러므로 사회적 문제의 해결을 위해 기술적 대안을 적절히 활용하려면 기술혁신의 주체에게 합리적인 수준의 유형적인 인센티브를 부여해야 한다. 가령, 요즘 선진국에서 각종 환경관련 신기술이 쏟아지고 있는 것은 이들 국가의 연구자들이 인류애가 많아서라기보다 더 나은 환경기술이 그들에게 높은 유형적 혜택을 가져다주기 때문이다. 이러한 논의는 사회적 문제 해결에 대한 과학기술자 혹은 기업가들의 열정을 폄하하고자 하는 것이 아니라 사회적으로 바람직한 수준의 혁신노력이 이루어지기 위해 정당한 인센티브가 부여될 필요가 있다는 원칙을 확인하는 것이다.

**| 세계적인 기업이 환경기술 개발에 총력을 기울이는 이유 |**

"GE는 자타가 공인하는 세계적 기업이다. 2006년 6월 말 기준 시가총액은 344조 원으로, 전세계 모든 기업 가운데 2위 규모였다. 경제잡지 〈포천〉이 선정하는 '가장 존경받는 기업' 순위에서는 매년 1, 2위를 놓치지 않는 기업이기도 하다. 그런 GE가 최근 사회적 책임(CSR) 분야에서 눈에 띄는 행보를 보이고 있다. 2001년 잭 웰치 전임 회장이 물러나고 후계자 제프리 이멜트 현 회장이 들어선 뒤, 3~4년의 안정기를 거치면서 나타나고 있는 행보다. 그 행보는 두 가지로 요약된다. 환경경영을 앞세운 '에코매지네이션'(ecomagination)과 사회공헌활동의 새로운 원칙인 '대형 문제 해결'(Solving big needs)이다. 에코매지네이션은 생태주의(ecology)와 상상력(imagination)의 합성어다. 직역하면 '친환경적 상상력' 정도로 풀이된다. GE는 2005년 5월 미래 전략 방향의 핵심 키워드가 에코매지네이션이라고 발표했다. 내용은 이후의 전체 경영 방향을 친환경 쪽으로 잡겠다는 것이다. 이에 따라 GE는 2008년까지 온실가스 배출 비율을 30퍼센트 감축하는 등 야심적인 환경경영 청사진을 내놓았다. 당시 GE가 내놓은 목표는 대부분의 국제기구 등에서 권고하는 수준보다 훨씬 높아 더 큰 주목을 받았다. 사람들을 더욱 놀라게 한 것은, GE는 사실 이전까지 환경경영에 그리 큰 관심을 기울이지 않던 기업이었다는 점이다. (중략) 그러던 GE가 전략 방향을 획기적으로 바꾼 것은, 무엇보다 '환경이 돈이 된다'는 점을 깨닫기 시작했기 때문이다. 'Green is green'이라는 전략 구호에서 이런 점이 드러난다. 환경(green)은 돈(green · 미국 달러화 지폐의 녹색을 뜻함)이라는 뜻을 가진 구호다. 녹색 전략 구호는 사업 계획에서 구체적으로 드러난다. GE는 담수화사업 등 17개 친환경 사업부문에 대한 투자를 대대적으로 확대해, 2004년 100억 달러였던 이 부문 매출을 2010년에는 200억 달러로 두 배로 늘리겠다고 발표했다. 특히 청정기술을 개발하기 위한 연구개발 비용을 2010년까지 현재의 두 배인 15억 달러로 늘릴 계획이다. GE가 이렇게 친환경 드라이브에 나선 것은, 앞으로 가장 빠르게 성장하는 시장이 될 중국, 인도 등 개발도상국에서 환경 문제가 큰 이슈로 부각될 것이라고 보고 있기 때문이다. 대부분 개발도상국이 그랬듯이, 공업화 초기 단계가 지나면 저오염 · 친환경 기술에 대한 국민적 요구가 거세질 것으로 보고 있는 것이다. 그때 필요한 기술을 GE가 먼저 갖춰놓겠다는 전략이다. 따라서 GE의 에코매지네이션은 CSR 전략일 뿐 아니라 매출을 올리기 위한 경영 전략이기도 하다. GE는 경영 전략 따로, CSR 활동 따로 가는 단계에서 벗어나, 본격적으로 CSR과 기업 전체의 경영 전략을 일체화하는 '전략적 사회책임경영'의 단계로 올라선 것이다. GE가 펼치고 있는 전략은, 글로벌 시장에서는 이미 CSR이 자선 차원을 넘어 전략 차원으로 넘어가고 있다는 사실을 상징적으로 보여준다. 기업 사회공헌 활동은 이제 기업 전체의 경영 전략, 즉 이익 창출 행위와 긴밀하게 맞물려가고 있다. 착한 일을 한 그들은 오래오래 행복하게 살아야 한다. 그 오랜 꿈이 지금 현실화되려 하고 있다."

출처: 한겨레 21(2007. 8. 23.)

## 토론 주제

1. 다국적 기업이 본사와 지사에서 벌이는 혁신활동에 어떤 차이가 있는지 사례를 조사해보자. 다국적 기업을 유치하기 위한 각국의 노력이 어떤 근거에서 이루어지고 있는지 조사하고 토론해보자.

2. 성공적인 기술혁신으로 탈추격에 성공한 기업의 사례를 찾아보자. 기업, 정부 및 관계된 주체들이 어떤 역할을 하였는지 조사해보자.

3. 최근의 경제정책 가운데 주목할 만한 변화가 있었거나 첨예한 논란의 대상이 된 사례를 찾아보자. 이 사례가 기술혁신의 관점에서는 어떤 시사점이 있는지에 대해 토론해보자.

4. 사회적 문제에 기술혁신이 기여할 수 있을 것으로 기대되는 사례를 찾아보자. 이 사례가 기술정책에 주는 시사점이 무엇인지 토론해보자.

# 10 맺음말

기술혁신은 혁신의 주체들이 밤낮없이 노력하고, 실패하면서 진화적 시행착오를 거쳐 얻어지는 것이다. 그러나 본서는 또 다른 각도에서 '기술혁신은 연구실에서만 이루어지는 것'이 아니라는 점도 보여주고자 했다. 기술혁신은 과학적, 공학적 산물이 아니라 엄연한 경제, 사회적 현상이며, 사회 각 부문의 주체들과 환경, 제도가 함께 어울어져 만들어낸 결과물이다. 그러므로 기술혁신은 혁신주체가 치열하게 활동하는 동시에 사회제도가 이를 뒷받침해나갈 때 왕성하게 일어나는 것이다. 그러므로 본서는 '기술혁신은 대가없이 하늘에서 떨어지는 것'이 아니라는 점을 보여주는 데 목적이 있다.

기술정책은 기술혁신이 더욱 활발하게 일어나고, 확산되어나갈 수 있도록 각종 유인을 조절하고, 제도적 기반을 제공하는 일체의 활동을 의미한다. 본서에서 소개한 기술정책에 대한 논의는 미래세대, 연구자, 정책의사결정자, 그리고 일반인에게 모두 중요한 시사점을 제공한다.

미래후속세대는 기술정책의 문제를 전반적으로 인식하는 것이 향후 자신들이 주인으로서 살아가게 될 세계의 변화를 이해하는 데 중요하다. 이공계 분야의 학생들은 자신들이 기술혁신의 주체라고 생각하겠지만, 다른 한편으로 혁신이 제도적 환경에서 형성된다는 점을 깨닫는 것이 중요하다. 인문계 분야의 학생들은 사회의 각종 제도와 심지어 문화도 기술혁신에 중요한 영향을 미친다는 점을 인식하고, 또한 기술이란 것이 블랙박스에서 나오는 것이 아니라는 점을 인식하는 것이 중요하다. 따라서 미래세대는 스스로를 준비해나가는 과정에서 다학제적 소양을 갖추도록 노력하는 것이 절실히 필요하다. 이를 위해서 평소에 공부하고 연구하는 분야를 넘어 사회적으로 논란이 되고 있는 제도를 주목해서 살펴보고, 관련 자료를 조사하며, 기술혁신과 관련하여 어떠한 시사점이 있을지를 곰곰이 생각해보는 훈련을 평소 해나가는 것이 필요하다.

기술혁신에 매진하고 있는 현장의 연구자도 기술정책적 안목을 갖는 것이 중요하다. 수많은 과학적, 공학적 난관을 극복한 끝에 완성된 기술이 사회 속에서 받아들여지지 못하고 사장되는 경우가 많다는 현실을 직시할 필요가 있다. 이는 마케팅이나 디자인, 경영전략의 문제일수도 있고, 법규제의 문제 때문일 수도 있다. 요컨대 기술혁신이 최종적인 성과로 전환되는 데 결정적인 요소들은 실험실 안에뿐만 아니라 밖에도 있다는 점을 인식하는 것이 중요하다. 구체적으로 문제를 해결해나가는 것은 해당분야 전문가들이 할 일이지만, 이러한 폭넓은 인식을 가진다면 연구개발단계에서 올바른 방향설정과 효율적인 추진을 할 수 있을 것이다.

기술정책의 문제는 기업-정부 관계론의 한 부분이다. 어떤 기업도 국가적 제도의 범주를 벗어나 진공 속에서 존재할 수 없기 때문에 한 국가 내에서 기업이 활동한다는 것은 곧 정책의 영향을 지대하게 받을 수밖에 없다는 것을 의미한다. 기업경영자의 입장에서 그 모든 정책 가운데 가장 중요한 정책은 단연 기술정책이다. 이는 기업경쟁력의 핵심이 기술경쟁력에 있기 때문이다. 특히 단순 하청단계에서 기술적으로 고도화된 상태로 옮겨갈수록 기술경쟁력 문제가 더욱 중요해지고, 기술정책이 조성하는 환경에 더욱 민감할 수밖에 없다. 따라서 기업경영자는 항상 기술정책의 동향에 주도면밀한 주의를 기울일 필요가 있다.

기술정책은 중앙과 지방의 의회 및 행정조직, 그리고 이와 연관된 많은 중간조직체들을 통해 입안되고, 집행된다. 다양한 기술정책의 입안과 집행에 관계된 여러 의사결정자들은 혁신이 여러 주체와 제도들의 상호 연관 속에서 발현된다는 점을 인식하는 것이 필요하다. 이는 특정한 기술 정책적 문제를 풀기 위해서는 하나의 정책이 필요한 것이 아니라 여러 다양한 주체와 제도, 기타 정책들을 아울러 조화시키는 것이 중요하다는 것을 의미한다. 비록 외견상 기술과 상관이 없는 타 정책 혹은 제도를 잘 검토하고 연계시키는 것이 때로는 더 중요할 수도 있기 때문이다.

이처럼 기술정책은 혁신과 관련된 모든 사람들이 관심을 가질 수밖에 없는 중요한 주제이며, 그런 의미에서 모두가 기술정책의 이해당사자이다.

기술혁신은 두말할 것도 없이 국가발전의 근간이다. 지난 산업혁명 이후 세계를 지배해온 국가들의 이면에 기술혁신이 있었고, 바로 오늘 선진국과 후진국 사이에는 기술혁신 관점에서 건널 수 없을 만큼의 깊은 격차가 놓여 있다. 우리나라는 지난 40년간 놀라운 압축 성장으로 세계를 놀라게 하였다. 이 기적의 이면에도 기술혁신이 자리하고 있음은 물론이다. 이제 2만 달러의 시대를 넘어 진정한 선진국이 되기 위해서는 기술혁신에 대한 인식을 새롭게 하고, 효과적인 기술정책을 펼침으로써 혁신이 살아 숨 쉬는 공간을 만들어내야 한다.

## | 참고문헌


고준성(2005), "WTO체제하에서 국가 R&D정책의 운영 방향", 산업연구원.

김도연(2004), 『우리시대 기술혁명: 현대를 디자인한 20가지 대표기술』, 생각의 나무.

김원규, 김인철(2008), "한국 산업정책의 과거와 현재 그리고 미래", e-KIET 산업경제정보, 2008-05.

민철구(2000), "기초과학 진흥을 위한 정책방안", 과학기술정책연구원.

배용호 외(2006), "성장과 고용 촉진을 위한 혁신정책의 방향", 과학기술정책연구원.

복득규 외(2003), 『클러스터』, 삼성경제연구소.

삼성경제연구소(2001), "잃어버린 10년, 일본의 교훈", CEO Information, No. 288.

서중해(2005), "우리나라 민간기업 연구개발투자의 특성 및 경제적 효과", 『한국개발연구』, 27(1), 81~119.

송위진, 성지은, 김연철, 황혜란, 정재용(2006), "탈추격형 기술혁신체제의 모색", 과학기술정책연구원.

송위진, 박동오, 강윤재(2007), "탈추격형 기술혁신의 불확실성 대응전략", 과학기술정책연구원.

수은해외경제(2005), "리스본전략을 수정한 장기 경제성장 계획 발표", 『해외지역정보』, 2005. 3.

시오노 나나미(1995), 『로마인 이야기 4: 율리우스 카이사르 상』(김석희 역), 한길사, 1996.

신태영 외(2006), "기술혁신지원제도의 효과분석과 개선방안", 과학기술정책연구원.
안상훈(2006), “생산의 국제화와 산업구조 및 생산성의 변화: 미시데이터의 분석과 국제비교”, 한국개발연구원.
이갑수(2007), 『글로벌시대의 산업정책론』, 대명출판사.
이근(2005), “기술경제학의 다양한 접근을 종합한 기술추격론의 재구성”, 과학기술정책연구원.
이서원(2005), “에어버스 사례를 통해 본 산업정책의 신조류”, LG주간경제 (2005. 6. 22)
이성훈, 김시동, 한성호(1989), 『한국의 산업정책: 산업구조정책 관련 자료집』, 산업연구원.
이우성(2005), “혁신정책의 범위설정과 분석체계 정립에 관한 연구: 핀란드와 한국혁신정책에 대한 사례 적용”, 과학기술정책연구원.
장하준(2006), 『국가의 역할』, 부키.
한국과학기술기획평가원(2007), 2025년을 향한 일본의 국가혁신전략 이노베이션 25.
한국과학기술기획평가원(2008), “우리나라 연구개발비 현황 분석”, 『KISTEP 통계 브리프 2008-29호』.
한국과학기술정보연구원(2005), “최근 유럽연합(EU)의 과학기술정책 동향과 시사점”, 『기술동향분석보고서』.
한국특허정보원(2006), 『미국특허 통계분석 월간보고서(5월)』.
Ahn, S.(2001), *Firm Dynamics and Productivity Growth: A Review of Microeconomic Evidence from OECD Countries*, Economics Department Working Papers No. 297, OECD.
Alam, M. S.(1989), *Governments and Markets in Economic Development Strategies: Lessons from Korea, Taiwan, and Japan*, New York: Praeger.
Amable, B.(2000), Institutional Complementarity and Diversity of Social Systems of Innovation and Production, *Review of International Political Economy*, 7(4), 645~687.

Amsden, A. H.(1989), *Asia's Next Giants: South Korea and Late Industrialization*, New York: Oxford University Press.

Arrow, K.(1962), Economic Welfare and the Allocation of Resources for Inventions, in Nelson, R. R.(ed.), *The Rate and Direction of Inventive Activity*, Princeton, NJ: Princeton University Press.

Asheim, B. T. and A. Isaksen(2002), Regional Innovation Systems: The Integration of Local 'Sticky' and Global 'Ubiquitous' Knowledge, *The Journal of Technology Transfer*, 27(1), 77~86.

Audretsch, D. B.(1995), *Innovation and Industry Evolution*, Cambridge, MA: MIT Press.

Berg, M.(1994), *The Age of Manufactures 1700~1820: Industry, Innovation and Work in Britain*, London: Routledge.

Caroli, E. and J. V. Reenen(2001), Skill-Biased Organizational Change : Evidence from a Panel of British and French Establishments, *Quarterly Journal of Economics*, CXVI(4), 1449~1492.

Cefis, E. and O. Marsili(2006), Innovation premium and the survival of entrepreneurial firms in the Netherlands, in E. Santarelli(ed.), *Entrepreneurship, growth, and innovation: The dynamics of firms and industries*, New York: Springer.

Chesbrough, H.(2003), *Open Innovation: The New Imperative for Creating and Profiting from Technology*, Cambridge, MA: Harvard Business School Press.

Clark, G. and S. Wolcott(2003), One Policy, Many Countries: Economic Growth in India, 1873~2000, in D. Rodrik(ed.), *In Search of Prosperity: Analytic Narratives on Economic Growth*, Princeton: Princeton University Press.

Cook, P. and O. Memedovic(2003), *Strategies for Regional Innovation System: Learning Transfer and Applications*,(Working Paper), Vienna: UNIDO.

Cook, P. and O. Memedovic(2006), *Regional Innovation Systems as Public Goods*,(working paper) Vienna: UNIDO.

Cristensen, C. M.(1997), *Innovator's Dilemma: When New Technologies Cause Great Firms to Fail*, Cambridge, MA: Harvard Business School Press.

Dertouzos, M., R. K. Lester, R. M. Solow and The MIT Commission (1988), *Made in America: Regaining the Productive Edge*, Cambridge, MA: MIT Press.

Dijk, M. V.(2002), *Technological Change and the Dynamics of Industries*, New York: Elsevier.

Dosi, G.(1982), Technological Paradigm and Technological Trajectories, *Research Policy*, 11, 147~162.

DTI(2006), R&D Score Board, UK.

Economist(1998), The World in Figures: Industries, *The World in 1999*, p. 82.

Edquist, C.(ed.)(1997) *Systems of Innovation: Technologies, Institutions and Organizations*, London: Pinter/Cassell.

Edquist, C.(2004), Systems of Innovation: Perspectives and Challenges, in Fagerberg, J. and D. Mowery, and R. Nelson (ed.) *Oxford Handbook of Innovation*, Oxford: Oxford University Press.

Ergas, H.(1987), The Importance of Technology Policy, in Dasgupta, P. and P. Stoneman(eds.), *Economic Policy and Technological Performance*, Cambridge: Cambridge University Press.

Freeman, C.(1987), *Technology Policy and Economic Performance: Lessons from Japan*, London: Pinter.

Giuliani, E., C. Pietrobellia and R. Rabellottia(2005), Upgrading in Global Value Chains: Lessons from Latin American Clusters, *World Development*, 33(4), 549~573.

Griliches, Z.(1995), R&D and Productivity: Econometric Results and Measurement Issues, in Stoneman, P.(ed.), *Handbook of the Economics of Innovation and Technological Change*, New York: Blackwell.

Guellec, D. and B. van Pottelsberghe(2001), R&D and Productivity Growth: Panel Data Analysis of 16 OECD Countries, *OECD Economics Studies* No. 22.

Henderson, J., P. Dicken, M. Hess, N. Coe and H. W. C. Yeung (2002), Global Production Networks and the Analysis of Economic Development, *Review of International Political Economy*, 9(3), 436~464.

Jang, H. J.(1996), *The Political Economy of Industrial Policy*, London: Macmillan.

Jorgenson, D. W.(1995), *Productivity: Postwar US Economic Growth*, Cambridge, MA: MIT Press.

Kim, L. and C. J. Dahlman(1992), Technology Policy for Industrialization: An Integrative Framework and Korea's Experience, *Research Policy*, 21, 437~452.

Kline, S. J. and N. Rosenberg(1986), An Overview of Innovation, in Landau, R. and N. Rosenberg(eds.), *The Positive Sum Strategy*, Washington: National Academy Press.

Krugman, P.(1994), The Myth of Asia's Miracle, *Foreign Affairs*, 73(6), 62~78.

Kuhn, T.(1970), *The Structure of Scientific Revolutions*, Chicago: University of Chicago Press(2nd edition).

Lall, S.(1996), *Learning from the Asian Tigers*, London: Macmillan.

Lee, C. M., W. Miller, M. Hancock, and H. Rowen(eds.)(2001), *The Silicon Valley Edge: A Habitat for Innovation and Entrepreneurship*, Palo Alto: Stanford Business Books

Lundvall, B. Å.(1992), *National Systems of Innovation: Towards a Theory of Innovation and Interactive Learning*, London: Pinter.

Lundvall, B. Å. and S. Borras(2005), Science, Technology, and Innovation Policy, in Fagerberg, J., D. C. Mowery and R. R. Nelson(eds), *The Oxford Handbook of Innovation*, Oxford: Oxford University Press.

Malerba, F. and L. Orsenigo(1997), Technological Regimes and Sectoral Patterns of Innovative Activities, *Industrial and Corporate Change*, 6(1), 83~117.

Malerba, F.(2002), Sectoral Systems of Innovation and Production, *Research Policy*, 31(2), 247~264.

Malerba, F.(2005), Sectoral Systems of Innovation: A Framework for Linking Innovation to the Knowledge Base, Structure and Dynamics of Sectors, *Economics of Innovation and New Technology*, 14(1~2), 63~82.

Metcalfe., S.(1995), The Economic Foundations of Technology Policy: Equilibrium and Evolutionary Perspectives, in Stoneman, P.(ed.), *Handbook of Economics of Innovation and Technological Change*, Oxford: Blackwell.

Miller III, J. C. (1984), The Case Against "Industrial Policy", *Cato Journal*, 4, 651~660.

Motohashi, K.(2004), *Japan's Long-term Recession in 1990's: Fall of Industrial Competitiveness*, Hitotsubashi University, Institute of Innovation Research Working Paper #04~08.

Mowery, D.(1995), The Practice of Technology Policy, in Stoneman, P.(ed.), *Handbook of the Economics of Innovation and Technological Change*, New York: Blackwell.

Nelson, R.(ed.)(1993), *National Innovation System: A Comparative Analysis*, New York: Oxford University Press.

Nelson, R. and S. Winter(1982), *An Evolutionary Theory of Economic Change*, Cambridge, MA: Harvard University Press.

Nezu, R.(2007), Industrial Policy in Japan, *Journal of Industry, Competition, and Trade*, 7, 229~243.

Noland, M. and H. Pack(2003), *Industrial Policy In an Era of Globalization: Lessons from Asia*, Washington DC: Institute for International Economics.

Noland, M.(2007), From Industrial Policy to Innovation Policy: Japan's Pursuit of Competitive Advantage, *Asian Economic Policy Review*, 2, 251~268.

OECD(2001), *OECD Economic Outlook*(Chapter 7), No. 69, Paris: OECD.

OECD(2001), *Measuring Productivity: Measurement of Aggregate and Industry-Level Productivity Growth*, Paris: OECD.

OECD(2002), *Dynamising National Innovation Systems*, Paris: OECD.

OECD(2008), *Compendium of Productivity Indicators*, Paris: OECD.

OSTP(Office of Science and Technology Policy)-Executive Office of the President, *American Competitiveness Initiative: Research and Development Funding in the President's 2007 Budget*, Document(http://www.ostp.gov/pdf/1pger_aci.pdf)

Patel, P. and K. Pavitt.(1994), National Innovation Systems: Why They Are Important, and How They Might Be Measured and Compared, *Economics of Innovation and New Technology*, 3 (1), 77~95.

Pianta, M.(2005), Innovation and Employment, in Fagerberg, J., D. C. Mowery and R. R. Nelson(eds), *The Oxford Handbook of Innovation*, Oxford: Oxford University Press.

Posen, A. S.(2002), Japan, in Steil, B., D. G. Victor, and R. R. Nelson (eds.), *Technological Innovation and Economic Performance*,

Princeton, NJ: Princeton University Press.

Rodrik, D.(2004), *Industrial Policy for the Twenty-First Century*, KSG Working Paper No. RWP04-047, John F. Kenndy School of Government, Harvard University.

Rodrik, D.(2006), Goodbye Washington Consensus, Hello Washington Confusion? A Review of the World Bank's Economic Growth in the 1990s: Learning from a Decade of Reform, *Journal of Economic Literature*, XLIV, 973~987.

Rogers, E. M.(2003), *Diffusion of Innovations*(5th ed.), New York: Free Press.

Romer, P. M.(1990), Endogenous Technological Change, *Journal of Political Economy*, 98(S), 71~102.

Ruttan, V. W.(2001), *Technology, Growth and Development: An Induced Innovation Perspective*, Oxford: Oxford University Press.

Sakakibara, M. and Cho, D. S.(2002), Cooperative R&D in Japan and Korea: A Comparison of Industrial Policy, *Research Policy*, 31(5), 673~692.

Smith, H. (1995), Industrial Policy in East Asia, *Asian-Pacific Economic Literature*, 9(1), 137~159.

Soete, L.(2007), From Industrial to Innovation Policy, *Journal of Industry, Competition, and Trade*, 7, 273~284.

Stevens, G. and J. Burley,(1997), 3,000 Raw Ideas Equals 1 Commercial Success!, *Research Technology Management*, 40(3), 16~27.

Tassey, G.(1997), *The Economics of R&D Policy*, New York: Quorum Books.

UK DTI(Department of Technology and Industry)(2006), *The R&D Scoreboard*, DTI.

Williamson, J.(ed.)(1990), *Latin American Adjustment: How Much Has It Happened?*, Washington, D.C.: Institute for International Economics.

Woolthuis, R. K. and M. Lankhuizen, and V. Gilsing(2001), A System Failure Framework for Innovation Policy Design, *Technovation*, 25(6), 609~619.

World Bank(1993), *The East Asian Miracle: Economic Growth and Public Policy*, New York: Oxford University Press.

World Bank(2006), *Korea as a Knowledge Economy: Evolutionary Process and Lessons Learned*, Washington D.C.: World Bank.

Yusuf, S.(2003), *Innovative East Asia: The Future of Growth*, Washington D.C.: World Bank.

* 언론기사는 인터넷을 통해 쉽게 검색이 가능하므로 별도로 참고문헌에 기록하지 않았음.

공학기술과 정책



초판 1쇄 인쇄일 | 2011년 2월 8일
초판 1쇄 발행일 | 2011년 2월 15일

발행처 지호출판사 | 발행인 장인용 | 출판등록 1995년 1월 4일
등록번호 제10-1087호
주소 경기도 고양시 일산동구 장항동 751 삼성라끄빌 1319호 410-837
전화 031-903-9350 | 팩시밀리 031-903-9969 | 이메일 chihopub@yahoo.co.kr

표지 디자인 오필민 | 본문 디자인 노승우

ISBN 978-89-5909-055-6